HÄDECKE

NATUR & GENUSS

Die 12 besten essbaren Pionierpflanzen bestimmen, sammeln und zubereiten

Dr. Markus Strauß

Dank

Ein herzliches Dankeschön an alle Menschen, die mich bei meiner Be-Rufung unterstützen, den essbaren Wildpflanzen wieder ihren angestammten Platz in unserer Alltagskultur zu verschaffen. Namentlich möchte ich Reina Hartung erwähnen.

Hinweis

Die hier genannten Pflanzeninformationen wurden sorgfältig recherchiert und nach bestem Wissen und Gewissen wiedergegeben. Die Hinweise zu den Heilwirkungen der Pflanzen ersetzen aber in keinem Fall den Rat und die Hilfe eines Arztes oder Heilpraktikers. Der Verlag und der Autor übernehmen keine Haftung für Schäden, die durch unsachgemäße Anwendung der dargestellten Behandlungs- und Zubereitungsmethoden oder durch falsche Nutzung der Wildpflanzen entstehen, und übernehmen auch keinerlei Verantwortung für medizinische Forderungen.

Impressum

4 3 2 1 | 2024 2023 2022

Redaktion & Lektorat: Julia Genazino

Bildnachweis: Alle Pflanzen-, Natur- und Foodfotos © Michael Brem, Leonberg, bis auf folgende Ausnahmen: hintere Umschlagklappe © Bernd Schönfelder; Seite 18 und Seite 20, unten rechts: © Gabi Horn; Seite 20, links © Konrad Bucher; Seiten 22, 44 rechts und 74 Mitte © Beat Ernst, Basel; Seite 84 © iStock/Renars2014; Seite 87 © iStock/ChamilleWhite; alle historischen Illustrationen © Biolib, Kurt Stueber, Köln

Gestaltung, Grafiken und Satz: Julia Graff, Hädecke Verlag (Florale Illustrationen nach Vorlage von www.idealhut.com, Icons unter Verwendung einer Grafik von vecteezy.com)

Gesetzt aus der Zag (Svetoslav Simov/Fontfabric) und Relato Sans (Eduardo Manso/Emtype Foundry)

Printed 2022 in Germany · Klimaneutraler Druck auf Materialien aus vorbildlich bewirtschafteten FSC®-Wäldern und anderen kontrollierten Quellen.

ISBN 978-3-7750-0822-8

Klimaneutral Druckprodukt
ClimatePartner.com/11339-2010-1004

Inhalt

Blühende Wilde Malve

Vorwort

Pioniere, das sind Menschen, die Neues wagen, Entdecker, Forscher, Visionäre – aber eine Pionierpflanze, was ist das? Ja, auch unter den Pflanzen gibt es solche, die darauf spezialisiert sind, Neuland zu erschließen!

Neuland ist, auf Pflanzen bezogen, eine brachliegende Fläche, auf der gar nichts mehr wächst. Dafür gibt es natürliche Ursachen: nachdem ein Gletscher geschmolzen ist, nach einem Vulkanausbruch, einem Erdrutsch oder einem längeren Hochwasser. Oder wenn ein Waldbrand die Vegetation vernichtet hat. Dann kommt die Zeit der Pionierpflanzen – sie sind die Erstbesiedler der kahlen Flächen. Im Mikrokosmos der Natur passiert das ständig, wenn ein Stück Erdboden von Tieren kahl gefressen wird oder durch ihr Wühlen seinen Bewuchs verliert. Sowohl im kleinen als auch im großen Maßstab heilt sich die Natur dann mithilfe der sogenannten „Sukzession". Dazu muss man wissen, dass Mitteleuropa aus biologischer Sicht von Natur aus zu etwa 97 % mit dichten Wäldern bewachsen wäre. Auf Gewässer, Moore und Felsen entfielen die restlichen 3 %. Kommt es zu einer Zerstörung eines Waldstücks, schließen Pionierpflanzen diese „Wunde" im Pflanzenkleid, indem sie innerhalb kurzer Zeit die neu entstandenen Flächen besiedeln. Zuerst breiten sich hier die krautigen Pionierpflanzen aus, von denen einige in diesem Buch vorgestellt werden. Diese Pioniere bereiten den Boden für die nachfolgenden, anspruchsvolleren und lichthungrigen Strauch- und Baumarten, die ohne die Vorarbeit der Pioniere hier gar nicht existieren könnten.

Die Sträucher und kleinen Bäume bilden im Lauf der Sukzession schon nach wenigen Jahren einen ersten „Primärwald" und verdrängen die Pionierpflanzen Stück für Stück wieder. Aber auch ihr Dasein ist zeitlich begrenzt: Auf dem von ihnen gebildeten Humus und in ihrem Schatten beginnen dann wiederum die dauerhaften Baumarten zu gedeihen. Nach ungefähr einem Jahrhundert ist die einstige Lücke wieder mit Wald geschlossen, die Wunde vollständig verheilt. Erst mit diesem Hintergrundwissen wird die ökologische Bedeutung der in diesem Buch vorgestellten Pionierpflanzen klar: Sie sind eine Erste-Hilfe-Maßnahme der Natur, ein bodenbereitendes, grünes Pflaster.

Neben den natürlichen Ursachen ist es heute vor allem der Mensch, der durch seine Bebauung die natürliche Vegetationsdecke zerstört, sodass mehr oder weniger kahle Flächen entstehen: Gewerbeflächen, Schuttplätze, Bahndämme, Kiesgruben, Weg- und Straßenränder, steinige Bach- sowie Flussufer, Böschungen, aber auch frisch umgegrabene Äcker und Gartenbeete. Überall hier verbreiten sich Pionierpflanzen – und zwar mit einer erstaunlichen Vitalität! Viele entwickeln kräftige, tief reichende Wurzeln oder besonders viele Samen, die lange keimfähig sind und sich leicht verbreiten. Werden Pionierpflanzen verletzt, erholen sie sich meist rasch. Viele von ihnen wachsen relativ schnell, auch auf steinigen und humusarmen Böden. Selbst extremen Lebensbedingungen können sie trotzen.

Sie sind einigen dieser Pionierpflanzen, die hier im Buch vorgestellt werden, bestimmt schon einmal in natura begegnet, vielleicht nicht bewusst. Wenn Sie das nächste Mal auf der Autobahn im Stau stehen, schauen Sie sich doch einmal den Mittelstreifen, die Straßenränder und Böschungen genauer an. Oder die Gleisbetten am Bahnhof, die Blumenkübel in der Fußgängerzone ... Sie werden sehen, Pionierpflanzen folgen uns auf Schritt und Tritt. Natürlich sind die genannten Orte keine geeigneten Plätze, um essbare Pflanzen zu ernten. Aber zum alltäglichen Kennenlernen und für allererste Bestimmungsübungen sind diese Gelegenheiten ideal.

Oft werden die vordrängenden, vitalen Pionierpflanzen als „Unkraut" verflucht. Das gilt auch für die in Band 1 dieser Reihe vorgestellten Arten wie Brennnessel, Giersch und Co („Die 12 wichtigsten essbaren Wildpflanzen"). Allerdings hat seit der ersten Auflage dieses Buchs im Jahr 2009 teilweise ein Umdenken stattgefunden. Die Arbeit vieler Naturschützer, Kräuterpädagogen sowie engagierter Lehrer und Dozenten im Bereich der Umweltbildung hat zu einem Bewusstseinswandel in der Gesellschaft beigetragen. Diese Veränderung hat mittlerweile auch in der Sprache Ausdruck gefunden: Von „Unkraut" spricht man heute zunehmend weniger, stattdessen setzen sich Begriffe wie „Beikräuter" oder „Ackerbegleitkräuter" durch. Entsprechend nennt man auch die Pionierpflanzen heute nicht mehr „Unkraut", sondern „Kulturfolger" bzw. „Kulturbegleitpflanzen". Tatsächlich begleiten uns diese Pflanzen, seit die Menschen vor etwa 7000 Jahren in Mitteleuropa damit begannen, sesshaft zu werden und erste Urwälder zu roden. Die Umwandlung der Natur- in eine Kulturlandschaft schuf ihnen ganz neue Möglichkeiten, sich anzusiedeln und zu verbreiten – den Namen „Kulturbegleitpflanzen" tragen sie daher zu Recht.

Jetzt, da wir dabei sind, den Begriff „Unkraut" zu überwinden, wäre es auch an der Zeit, die Unkrautvernichtungsmittel hinter uns zu lassen. Diese töten die Wildpflanzen und damit auch viele Tiere, die von diesen Pflanzen abhängig sind. Diese Mittel werden heute gerne mit dem lateinischen Fremdwort „Herbizide" bagatellisiert. Das bedeutet übersetzt zwar „Kraut-Töter", aber wer weiß das schon? Heute spricht man von „Pflanzenschutzmitteln", ein geradezu verlogenes Wort: „Geschützt" werden nur die jeweiligen Nutzpflanzen, aber die Wildpflanzen und ihr Mikrokosmos werden nach wie vor durch diese Gifte vernichtet.

Dennoch: Aus meiner Sicht ist mit dem gewachsenen Umweltbewusstsein, auch gegenüber den „Unkräutern", ein erster Schritt im Prozess der Wiederannäherung an die Natur gelungen. Bekanntlich sind die ersten Schritte immer die schwersten, die

Kontrolliertes Verwildern (Acker-Hellerkraut)

folgenden dafür viel leichter. Dies sollte allen Pionieren und Freunden der Natur neuen Mut machen, um sich (weiterhin) für ein friedliches und ausgeglichenes Miteinander von Mensch und Natur einzusetzen. Dazu kann auch gehören, diese Pflanzen in unseren Gärten und auf unseren Balkonen willkommen zu heißen, anstatt sie entnervt auszureißen. Die gute Nachricht: So ein kontrolliertes Verwildern im Garten ist mit Pionierpflanzen ganz einfach, denn sie sind ausgesprochen anspruchslos. Und daher gedeihen die meisten dieser Erstbesiedler auch sehr gut im Topf oder Kasten auf dem Balkon. Diese locken wiederum wichtige Nutzinsekten und Vögel an, die sich so an einem naturnahen Habitat in ungewohnter Umgebung erfreuen können. Wagen wir gemeinsam mehr Wildheit, die allen nützt! Daher wurde diese aktualisierte Ausgabe durch Tipps für den eigenen Anbau ergänzt.

Es freut mich, dass Sie sich für die schmackhaften Pionierpflanzen interessieren, sich ihrem kraftvollen Wesen wieder annähern, ja sie sogar auf der Zunge zergehen lassen wollen! Ich kann Ihnen versprechen: Die Einbeziehung von essbaren Wildpflanzen in den persönlichen Speiseplan wirkt sich rundum positiv aus. Zum einen profitiert unsere Gesundheit von den vielen gesunden Inhaltsstoffen der Wildpflanzen, deren Potenzial an Vitaminen, Spurenelementen und Mineralstoffen das unserer Kulturgemüse oft weit übertrifft. Zudem sind viele von ihnen traditionelle Heilpflanzen, die verschiedene vorbeugende und heilende Wirkungen besitzen. Zum anderen geht es beim Sammeln auch um das bloße Sein in der Natur und die Bewegung an der frischen Luft, die uns guttut. Und letzten Endes werden unsere tiefe Verbindung zur Natur und das „Genährtsein" im wahrsten Sinne des Wortes spürbar, wenn wir essbare Wildpflanzen sammeln und uns diese „einverleiben".

Falls Sie auch im Wald, in der Nähe von Gewässern, bei Hecken und Sträuchern oder in Ihrem Garten auf Sammeltour gehen wollen, kann ich Ihnen auch die anderen Bände aus meiner Reihe „Natur & Genuss" ans Herz legen. Aber nun zu den Pionierpflanzen – mögen sie Ihnen einen Teil ihrer beeindruckenden Lebenskraft schenken, dazu Mut und Lebensfreude!

Ihr Markus Strauß

Praktische Tipps zum Sammeln, Gärtnern und Zubereiten

Ideale Orte zum Sammeln von Pionierpflanzen sind Brachflächen, verwildertes Ödland und Gebüsche sowie sonnige Weg- und Waldränder, steinige Bach- und Flussufer, Böschungen sowie Gartenbeete und Feldränder von biologisch bewirtschafteten Äckern (siehe auch „Vorkommen" bei den jeweiligen Pflanzenporträts). Dagegen kommen konventionell bewirtschaftete Felder aufgrund der dort eingesetzten Spritzmittel wie Pestizide (Stichwort: Glyphosat) und gedüngte Wiesen (Gülle) samt deren unmittelbarer Umgebung für die Ernte essbarer Wildpflanzen nicht infrage. Dasselbe gilt für die Nähe viel befahrener Straßen und für öffentliche Grünanlagen, die auch von Hunden gern besucht werden.

Das Sammeln essbarer Wildpflanzen in der Natur ist erlaubt und legal. In Deutschland darf man laut Bundesnaturschutzgesetz „geringe Mengen für den persönlichen Bedarf pfleglich entnehmen". Von diesem Recht ausgeschlossen sind Pflanzen, die laut Bundesartenschutzverordnung unter Naturschutz stehen. Dabei bedeutet „besonders geschützt", dass man keine Wurzeln, Wurzelstöcke, Zwiebeln oder Rosetten sammeln darf; „streng geschützt" heißt, dass gar keine Pflanzenteile mitgenommen werden dürfen. Auch die bedrohten Wildpflanzen der Roten Listen des Bundes und der Bundesländer muss man natürlich stehen lassen. Ein Sammelverbot besteht zudem in Naturschutzgebieten, Nationalparks, auf privatem Gelände und teilweise in öffentlichen Parks. Ansonsten sind zum Schutz der Natur folgende Regeln sinnvoll: Nur so viel sammeln, wie auch wirklich verarbeitet werden kann, genügend Pflanzen stehen lassen, damit ihr Fortbestand am jeweiligen Standort gesichert ist, möglichst nur Teile einer Pflanze sammeln (z. B. nur einen kleineren Teil der Blütenstände einer Steinklee-Pflanze), gerade bei Wurzeln und Samen das rechte Maß nicht überschreiten und nicht unnötig abseits der Wege „herumtrampeln". In diesem Buch werden selbstverständlich nur Pflanzen vorgestellt, die nicht unter Naturschutz stehen. Dennoch sollte man sich als Sammler immer über den Schutzstatus der Pflanzen vorab informieren.

Gartenbesitzer haben die Möglichkeit, durch kontrolliertes Verwildern geeigneter Gartenbereiche reichlich „eigenes" Wildgemüse zu ernten. Die hier vorgestellten

Pionierpflanzen lassen sich mit selbst gesammeltem Saatgut aus der Natur auch leicht auf einem Gemüsebeet oder in einer Rabatte mit Zierpflanzen ansiedeln. Besonders Wilde Malve, Nachtkerze und Wegwarte haben dabei einen großen Zierwert, da sie im Sommer über viele Wochen hinweg wunderschön blühen. Alle Pionierpflanzen lieben vollsonnige Standorte. Humose und feuchte Böden mögen Acker-Hellerkraut, Knopfkraut, Hirtentäschel, Wilde Malve, Weißer Gänsefuß, Rainkohl und Barbarakraut am liebsten. Hirtentäschel, Beifuß, Steinklee und Wegwarte kommen gut mit mageren, sandigen und steinigen Böden zurecht, sagen aber auch zu nährstoffreicher Gartenerde nicht Nein. Die Große Klette, der Weiße Gänsefuß und der Beifuß können groß, breit und buschig werden. Sie sind daher für kleine Gärten nicht geeignet. Alle Pionierpflanzen sind mehr oder weniger anspruchslos, was die Standortbedingungen betrifft, und bei der Aussaat müssen ihre Samen nur leicht auf der Bodenoberfläche angedrückt werden (Lichtkeimer). Sie erfreuen sich jedoch einer großen Vitalität – und vermehren sich daher oft schnell und reichlich, was für Gärtner ebenfalls zu bedenken ist.

Nur saubere Pflanzenteile pflücken (Acker-Hellerkraut)

Blätter und Blüten sammelt man am besten morgens nach dem Abtrocknen des Taus. Der Gehalt an Nähr- und Vitalstoffen ist zu dieser Tageszeit am höchsten. Pressen Sie Ihre Ernte nicht in Plastiktüten oder luftdichte Dosen, sondern legen Sie die Pflanzen luftig und locker in einen Korb oder einen Stoffbeutel – dann kommen sie nicht ins Schwitzen. Bei sommerlich-heißem Wetter ist es ratsam, den Korb mit einem feuchten Küchenhandtuch auszulegen. Das Erntegut wird auf das Tuch gelegt und abschließend mit dem noch freien Teil des Tuchs abgedeckt.

Pflücken Sie nur saubere Pflanzenteile und entfernen Sie am besten gleich an Ort und Stelle Verunreinigungen wie Erde, abgestorbene Pflanzenteile oder versehentlich mitgeerntete Teile anderer Pflanzen. Wer auf diese Art und Weise draußen schon

Basisches Bittergewürzsalz mit Vollsalz, Seite 26

sorgfältig vorarbeitet, spart sich anschließend in der Küche das Aussortieren des Sammelguts. Zudem muss das Pflanzenmaterial dann auch nicht so lange gewässert werden – was den Verlust von wertvollen wasserlöslichen Vitaminen begrenzt. Zu Hause angekommen, beginnen Sie am besten bald mit der Verarbeitung Ihrer Ernte, sodass Sie in den Genuss möglichst aller Vitamine und Vitalstoffe kommen.

Die Rezeptideen im Buch sollen lediglich eine Orientierung sein und sind bewusst knapp gehalten. Auf detaillierte Zubereitungstechniken wurde zugunsten der Informationen zu den Pflanzen verzichtet. Es wird Ihnen im Lauf der Zeit immer leichter fallen, eigene Wildpflanzen-Rezepte zu entwickeln.
Noch ein paar Anmerkungen zu den verwendeten Zutaten in den Rezepten: Da weißer Zucker (Raffinade) als Vitalstoffräuber bekannt ist, wäre es schade, diesen bei den vor Vitalstoffen strotzenden Wildpflanzen zu verwenden. Aus diesem Grund steht **Rohrohrzucker** als Süßungsmittel in den Rezepten. Natürlich kann auch Kokosblütenzucker, Agavendicksaft oder Dattelsüße verwendet werden. Noch besser sind heimische Süßungsmittel wie Apfel- oder Birnendicksaft. Die Süße des Birnendicksaftes ist geschmacklich eher neutral, der Apfeldicksaft bringt eine leichte, fruchtige Säurenote mit. Der „Verzicht" auf weißen Rübenzucker stellt für manche sicherlich eine Umstellung dar, die sich aber lohnt.

Ebenso sollte im Sinne einer vollwertigen Ernährung beim Salz kein raffiniertes Kochsalz (NaCl) verwendet werden, sondern auf sogenannte **Vollsalze** wie z.B. naturbelassenes Steinsalz zurückgegriffen werden.
In den Rezepten in diesem Buch wird ausschließlich **reines Wasser** verwendet. Damit ist kein Leitungswasser gemeint. Dieses wird zwar durch die Trinkwasserverordnung regelmäßig auf bedenkliche Stoffe überprüft, enthält aber dennoch Rückstände aus der Agrarchemie und in Teilen Deutschlands auch Chlor. Alternativ dazu empfiehlt sich reines Quellwasser, das gerade in Mittelgebirgen wie Schwarzwald, Odenwald, Taunus oder dem Thüringer Wald eigenhändig und kostenlos abgefüllt werden kann. Auch mineralarme, kohlensäure- und schadstofffreie Produkte aus dem Bio- und Reformwarenhandel bieten sich an.
Generell ist es sinnvoll – nicht nur für die eigenen Gesundheit, sondern auch für den Erhalt essbarere Wildpflanzen –, Lebensmittel aus **kontrolliert ökologischem Anbau** (z. B. Demeter, Bioland oder Naturland) zu verwenden.

Essbare Wildpflanzen enthalten im Vergleich zu Gemüsesorten, die heute kultiviert werden, meist ein Vielfaches an gesunden Inhaltsstoffen. Beim Kulturgemüse wurden zudem manche der zwar äußerst gesunden, aber bitter schmeckenden Inhaltsstoffe gezielt weggezüchtet. Daher enthalten wilde Gemüse und Kräuter im Allgemeinen weit mehr davon. Sie wirken stimulierend auf unser Verdauungssystem und fördern die Entgiftungs- und Ausscheidungsfunktionen. Gerade für Menschen mit einem empfindlichen Magen ist es jedoch ratsam, sich schrittweise an die noch ungewohnte Kost zu gewöhnen: Beginnen Sie anfangs mit kleineren Mengen und steigern Sie diese in Ihrem eigenen Tempo – so werden sich sowohl Ihre Geschmacksnerven als auch Ihr Verdauungssystem an die essbaren Wildpflanzen gewöhnen. Ihr Körper und Ihre Gesundheit werden die wilde Kost zunehmend zu schätzen wissen!

Acker-Hellerkraut

Thlaspi arvense

Porträt

Das etwas unscheinbare, zierliche, aber feinwürzige Acker-Hellerkraut bereichert ab dem zeitigen Frühjahr den wilden Speiseplan. Der Geschmack erinnert an eine Mischung aus Senf, Lauch und Kresse. Das pikante Aroma kommt von den enthaltenen Senfölglykosiden, die antibakteriell und keimhemmend wirken und als „pflanzliche Antibiotika" bezeichnet werden. Diese Inhaltsstoffe sind für die Pflanzenfamilie der Kreuzblütengewächse (Brassicaceae) charakteristisch. Die rohen Blütenstände erinnern dagegen geschmacklich an Brokkoli, ebenfalls ein Kreuzblütengewächs. Die kreisrunden, 1–1,5 cm großen Samenstände sehen ähnlich wie kleine Münzen aus und verhalfen der Wildpflanze zu ihrem Namen Hellerkraut, auch Pfennigkraut genannt. Im Englischen heißt sie *pennycress*, wörtlich übersetzt Pfennigkresse. Der botanische Artname *arvense* stammt wiederum vom lateinischen *arvum* für Ackerland oder Saatfeld, wo diese Zeigerpflanze für nährstoffreiche Böden gerne wächst.

Wuchs und Aussehen Das froschgrüne Acker-Hellerkraut ist eine meist einjährige, selten zweijährige aufrecht stehende Pflanze mit bis zu 40 cm Wuchshöhe und einer deutlich ausgeprägten Pfahlwurzel. Der Stängel ist kahl, kantig und meist verzweigt. Die wechselständig angeordneten Blätter sind überwiegend lanzettlich geformt und weisen im oberen Bereich der Pflanze einen pfeilförmigen Ansatz auf, mit dem sie den Stängel umfassen. Im Gegensatz zu den untersten Blättern haben sie keine Blattstiele; dafür besitzen die Blüten bzw. späteren Samenstände einen nahezu waagrecht abstehenden Stiel. Die Blattränder sind entweder ganz oder gezähnt. Zerreibt man die Blätter, kann man den senfartigen, lauchähnlichen Geruch wahrnehmen. Der lang gestreckte Blütenstand besteht aus zahlreichen kleinen, weißen Blüten, die jeweils vier kreuzförmig angeordnete Blütenblätter aufweisen. Die Samenstände erscheinen schon im unteren Bereich der Pflanze, wenn diese oben noch blüht.

***Typisch:** Namensgebend sind die fast kreisrunden, flachen Samenstände, die ähnlich wie Münzen aussehen. An ihrer Spitze weisen sie mittig einen schmalen, aber recht tiefen Einschnitt auf.*

Vorkommenn Die Pflanze lässt sich überall in Europa häufig finden. Die beliebtesten Standorte sind Brachland, Hackfrucht-Äcker (z. B. mit Kartoffeln, Mais, Zucker- und Futterrüben bepflanzt), Getreidefelder, Weinberge und Gärten. Bevorzugt werden nährstoffreiche und lockere, lehmhaltige Böden, die durch Landwirtschaft oder Baustellen ihren natürlichen Bewuchs verloren haben und dann von dieser Pionierpflanze neu besiedelt werden.

Charakteristische Inhaltsstoffe Senfölglykoside, Mineralstoffe (vor allem Magnesium), Vitamin C und Bitterstoffe.

Vorbeugen und Heilen Als Heilpflanze ist das Acker-Hellerkraut zwar kaum bekannt, doch die enthaltenen Senfölglykoside besitzen eine antibakterielle Wirkung und sind damit gegen eine Vielzahl von Keimen wirksam („pflanzliches Antibiotikum"). Äußerlich werden volksheilkundliche Anwendungen bei Hautentzündungen, Wunden, Geschwüren, Furunkeln und Insektenstichen genannt. Dazu werden breiig zerstoßene Blätter, junge Blütenstände und Samen als Auflage verwendet: ein „Wiesenpflaster". Der Tee aus dem blühenden Kraut soll bei Infekten hilfreich sein, ein Sitzbad bei Scheidenentzündung. Volksmedizinisch wird das Kraut auch bei Menstruationsbeschwerden eingesetzt.

Sammeltipps

Wenn es nicht durch „Pflanzenschutzmittel" ausgemerzt wird, ist das Acker-Hellerkraut leicht und oft reichlich auf landwirtschaftlich genutzten Feldern zu finden (siehe oben: „Vorkommen"). Kulinarisch interessant sind die noch gänzlich grünen Pflanzen: Mit der Reife der Samen stirbt die meist einjährige Pflanze ab und wird dann immer trockener und faseriger. Die lange Sammelzeit zwischen Frühling und Spätherbst kann im Hochsommer von längeren Trockenperioden unterbrochen werden. Dann weicht man auf die im feuchteren Herbst erneut aufkeimenden Jungpflanzen oder (nach Anfrage beim Besitzer) auf bewässerte Bio-Gemüsefelder und Hausgärten aus.

Anbau Auf humosen bis leicht lehmigen, kalkhaltigen Böden fühlt sich die Pflanze an sonnigem Standplatz wohl. Am Rand des Kräuterbeets ist es ein natürlicher Schneckenschutz. Aussaat: März und September, am besten mit der Blumenwiese.

Verwendete Pflanzenteile und Erntezeit

Blätter	März bis November
Blüten	April bis Oktober
Wurzel	Februar bis April/Mai, von noch gänzlich grünen Pflanzen
Grüne Samenschote	Ende April bis Oktober

Mögliche Verwechslungen Das Gewöhnliche Hirtentäschel (*Capsella bursa-pastoris*) sieht dem Acker-Hellerkraut sehr ähnlich. Ein deutliches Merkmal zur Unterscheidung ist beim Hirtentäschel die Herzform der Samenstände – und ihre runde, münzartige Form beim Hellerkraut. Da es sich beim Hirtentäschel aber ebenfalls um eine schmackhafte und gesunde Wildpflanze handelt, können Sie auch dieses sammeln und zubereiten (siehe Hirtentäschel, Seite 36 ff.).

Rezepte

Pikante Hellerwurzel-Sahne

1 kleines Glas · 50 g Wurzeln vom Acker-Hellerkraut (von noch gänzlich grünen Pflanzen) · 50 ml Sahne/Rahm · 2 TL Zitronensaft · ½ TL Steinsalz · ½ TL Rohrohrzucker

Die Wurzeln gründlich waschen und klein schneiden. Mit den übrigen Zutaten im Mixer oder Blitzhacker zu einer Creme verarbeiten. Die Hellerwurzel-Sahne kann wie Meerrettich verwendet werden und schmeckt aufs Brot, zu Kartoffeln oder geräucherten Forellenfilets.

Grüner Brotaufstrich

ca. 125 g · 50 g zarte, junge Blätter und/oder junge Blütenstände und/oder weiche Samenschoten vom Acker-Hellerkraut · 50 g Sonnenblumenkerne 2 EL Olivenöl + zum Bedecken · 1 Knoblauchzehe, geschält · 1 EL Zitronensaft ½ TL Steinsalz · 1 Prise Rohrohrzucker

Die Blätter und/oder Blüten waschen und trocken tupfen. Mit den übrigen Zutaten in einem Mixer oder Blitzhacker zu einem streichfähigen Aufstrich verarbeiten. Bei Bedarf mehr Sonnenblumenkerne oder etwas Wasser für die richtige Konsistenz untermengen. Entweder gleich verwenden oder in ein sterilisiertes Schraubdeckelglas füllen, mit Olivenöl bedecken und kühl stellen.

Rezept-Tipps: Die Samenschoten sind im grünen, noch weichen Stadium eine pikante und optisch auffällige Bereicherung für Salate, Ofenkartoffeln, Kräuterquark, Suppen, Käsebrote und das kalte Buffet. Auch die jungen Blättchen schmecken gut im Salat; wie die Schötchen am besten roh verwenden – beispielsweise anstelle von Kresse oder Schnittlauch.

Grüner „Senf"

1 kleines Glas · 50 g zarte, junge Blätter vom Acker-Hellerkraut · 2 EL Wasser 1 EL Zitronensaft oder Weißweinessig · 1 TL Steinsalz · 2 TL Honig

Die Blätter waschen und trocken tupfen. Mit den übrigen Zutaten in einem kleinen Mixer oder Blitzhacker zu einem grünen „Senf" verarbeiten, gut abschmecken und in ein sauberes Schraubdeckelglas füllen. Der „grüne Senf" ist gekühlt etwa drei Wochen haltbar; er passt zu Ofenkartoffeln, Crackern, frischem Brot und hart gekochten Eiern.

Grüner Brotaufstrich, Seite 15

Barbarakraut (Winterkresse)

Barbarea vulgaris

Porträt

Mit dem Barbarakraut, auch Winterkresse genannt, erhält der Wildpflanzenfreund auch im Winter frisches und vitaminreiches Grün. Das Kraut hält Temperaturen bis etwa -25 °C stand. Sein Name verrät, dass die Pflanze der heiligen Barbara gewidmet wurde, deren Gedenktag jährlich am 4. Dezember mit christlichen Feiern und, je nach Region, auch mit traditionellen volkstümlichen Riten gefeiert wird. Die Namensgebung war sicher ein Ausdruck der Dankbarkeit für diese wertvolle Kost zu winterlichen, mageren Zeiten. Heute, im Zeitalter industriell verarbeiteter Fertiggerichte, entdecken wir diese natürliche Qualität wieder neu! Das anspruchslose Kraut ist leicht anzubauen, es lässt sich im eigenen Garten pflanzen oder auf dem Balkon in Töpfen ziehen. Schon unsere Vorfahren haben sich die Winterkresse in ihre Bauerngärten geholt. Das Kraut gehört zu den Kreuzblütlern (Brassicaceae) und schmeckt, wie für diese Pflanzenfamilie üblich, kresseartig scharf und senfähnlich. Sein Vitamin C und die Senfölglykoside unterstützen damit unser Immunsystem in der kalten Jahreszeit. Solange es nicht mit Schnee bedeckt ist, lassen sich seine jungen Blätter den ganzen Winter hindurch sammeln – und einfach aufs Butterbrot streuen. Im April erscheinen dann die mild schmeckenden Blütentriebe, die an Brokkoli erinnern. Zeitgleich werden die Blätter bitter und herb. Sie zu trocknen ist nicht sinnvoll, weil sie dabei, ähnlich wie Bärlauch, Aroma verlieren. Das Barbarakraut ist ausschließlich als Frischkost im Winter geeignet. Auch die Tierwelt schätzt die Pflanze: Die gelben Blüten sind eine gute Futterpflanze für die aus der Winterruhe erwachenden Bienen, und Schmetterlinge wie der Aurorafalter nutzen sie als Nahrung für ihre Nachkommen.

Wuchs und Aussehen Das Barbarakraut ist eine zweijährige, wintergrüne Staude mit 30–90 cm Höhe und einem kahlen, kantigen Stängel. Die Blätter der bodennahen Rosette sind gestielt, ganzrandig und gefiedert; ein Blatt ist in drei bis fünf Paare länglicher Fiederblättchen und ein deutlich größeres, rundliches, oft herzförmiges Endblättchen unterteilt. Die Blätter, die sich oberhalb der Blattrosette am Stängel bilden, sind nach oben hin zunehmend ungeteilt und nehmen eine pfeilförmige Grundform an. Sie sind buchtig gezähnt und umfassen den Stängel mit abstehenden „Öhrchen". Die dicken, dunkelgrün glänzenden Blätter sitzen wechselständig am Stängel. Die kleinen, leuchtend gelben Blüten stehen mit jeweils vier Blütenblättern dicht in verzweigten Trauben. Im unteren Stängelbereich können sich schon Samenstände entwickeln, während die Pflanze im oberen Bereich noch blüht. Die Früchte sind 15–25 mm lange Schoten. Diese stehen auf dünnen, 4–6 mm langen Stielen aufrecht bis waagrecht vom Stängel ab. Die Samen darin sind meist flach, haben eine ovale bis rundliche Form und sind hellbraun.

***Typisch:** Charakteristisch für das Barbarakraut sind die Grundblätter mit ihrem großen, runden bis herzförmigen Endblättchen, weiterhin die ungeteilten und pfeilförmigen Stängelblätter und die aufrecht bis waagrecht abstehenden, reifen Samenschoten.*

Vorkommen Man findet das Barbarakraut auf feuchten, brachliegenden Äckern, an Wegrändern, Bachufern, Kiesgruben und in Gräben. Die Pflanze bevorzugt lehmige, nährstoffreiche Böden und reichlich Feuchtigkeit. Im Gebirge ist das Kraut bis in ca. 2000 m Höhe zu finden. Je trockener der Standort, desto schärfer und bitterer wird der Geschmack des Krauts.

Charakteristische Inhaltsstoffe Neben Mineralstoffen und Spurenelementen viel Vitamin C und Senfölglykoside (Scharfstoffe), Schwefel, Bitterstoffe, Flavonoide, Saponine sowie ätherische Öle.

Vorbeugen und heilen Naturheilkundlich und volksmedizinisch werden der Winterkresse wundheilende, appetitanregende, harntreibende, verdauungsfördernde, immunstärkende und stoffwechselanregende Wirkungen zugeschrieben sowie entschlackende bzw. Detox-Eigenschaften. Der hohe Vitamin-C-Gehalt beugt im Winter Erkältungen vor. Die Senfölglykoside besitzen eine starke antibakterielle Wirkung und sind gegen eine Vielzahl von Keimen wirksam („pflanzliche Antibiotika").

Sammeltipps

Mit der Blüte verändern die Blätter ihren Geschmack: Sie werden wesentlich bitterer und herber. Die Pflanze bietet während des ganzen Winters üppiges Blattgrün, das angenehm kresseartig schmeckt. Ab dem zeitigen Frühjahr dann einfach zu anderen, frisch austreibenden Pflanzen wie Giersch, Bärlauch, Brennnesseln usw. wechseln.

Anbau Auf humosen, lehmigen, aber auch sandigen oder kiesigen, immer leicht feuchten Böden gedeiht die Pflanze in Sonne und Halbschatten. Je trockener, desto schärfer ihr Geschmack. Aussaat: Juni bis September.

Verwendete Pflanzenteile und Erntezeit

Blätter	September bis April
Blüten	Mai

Mögliche Verwechslungen Der giftige Acker-Schöterich (*Erysimum cheiranthoides*) ist ebenfalls ein gelb blühender Kreuzblütler, der jedoch einjährig ist und damit im Herbst/Winter abstirbt. Zur Sicherheit bitte auf die Blätter achten: Beim Barbarakraut sind sie gefiedert, ein Einzelblatt ist deutlich sichtbar aus mehreren kleinen, voneinander abgetrennten Blättchen zusammengesetzt. Beim Acker-Schöterich sind die Blätter nicht gefiedert, sondern länglich-lanzettlich im Ganzen.

Rezepte

Wintersalat mit Barbarakraut

4 Portionen *· 1 Bund Blätter vom Barbarakraut · 1 kleiner Kopf Endiviensalat 2 Möhren · 2 EL natives Leinöl · 2 EL natives Olivenöl · 1 EL Balsamessig · 2 TL Senf 2 TL Apfel- oder Birnendicksaft · 1 Apfel · 2 EL Sonnenblumenkerne oder Walnüsse, fein gehackt · 2 EL Brennnesselsamen*

Das Barbarakraut unter fließendem Wasser gründlich waschen, trocken schleudern und in feine Streifen schneiden. Endiviensalat putzen, waschen, trocken schleudern und ebenfalls in feine Streifen schneiden. Möhren mit einer Gemüsebürste waschen, putzen und fein raspeln. Aus den Ölen, Essig, Senf und Apfeldicksaft ein Dressing anrühren. Den Apfel waschen, vom Kerngehäuse befreien und fein raspeln. Barbarakraut, Endivie, Möhren und Apfel mit dem Dressing vermischen. Den Salat mit Sonnenblumenkernen und Brennnesselsamen bestreuen.

Rezept-Tipps: Wer es weniger pikant und bitter mag, mischt Barbarakraut mit mildem Kopf-, Feldsalat oder Postelein. Kurzes Blanchieren macht die Blätter deutlich milder; sie lassen sich dann z. B. gut unter Kartoffelsalat oder Gemüsegerichte mischen.

Winterliche grüne Sauce

4 Portionen *· 2 Eier · 1 Bund Blätter vom Barbarakraut · 1 Becher saure Sahne (200 g) ½ TL naturbelassenes Steinsalz · 2 TL Apfel- oder Birnendicksaft · 1 TL Senf 1 EL Zitronensaft*

Die Eier in zehn Minuten hart kochen, abschrecken, pellen und klein hacken. Das Barbarakraut unter fließendem Wasser gründlich waschen, trocken schleudern und mit allen übrigen Zutaten in einem Mixer oder Blitzhacker zu einer grünen Sauce verarbeiten. Die Eier unterheben und die Sauce abschmecken. Dazu passen Pellkartoffeln.

Rezept-Tipp: Die Blätter des Barbarakrauts eignen sich gut für ein Pesto (Rezepte siehe Seiten 53 und 68), für Kräuterquark und -butter sowie als würzende Zutat in Gemüsegerichten, Suppen, Eintöpfen und Saucen.

Vorbeugende Tinktur gegen Infekte im Nieren- und Blasenbereich 1 EL Samen des Barbarakrauts im Mörser zerstoßen, mit 0,2 l trockenem Weißwein in ein Schraubdeckelglas geben und verschließen. Die Mischung zwei Wochen ziehen lassen, dann abfiltern. Von dieser Tinktur nimmt man eine Woche lang jeweils morgens, mittags und abends 1 TL zu sich. Die Wirkung ist harntreibend und antibakteriell.

Beifuß

Artemisia vulgaris

Porträt

Der Gewöhnliche Beifuß gehört zur Familie der Korbblütler (Asteraceae). Sein Gattungsname *Artemisia* lässt sich auf Artemis zurückführen, der griechischen Göttin der Jagd und Schutzgöttin der Gebärenden und der Hebammen. Entsprechend wurde der Beifuß früher „die Mutter aller Kräuter" genannt und war jahrhundertelang ein wichtiges Mittel bei Frauenleiden und bei der Geburt eines Kindes. Heute wird Beifuß jedoch kaum noch medizinisch eingesetzt. Erhalten hat sich vor allem seine Verwendung als verdauungsförderndes Gewürz von fettem Fleisch, wie Gänse-, Enten- oder Hammelbraten. Darüber hinaus ist der Beifuß mit seinen Bitterstoffen eine Zutat für Bitterliköre, Heilweine und Kräutersalze. Und noch ein anderer alter Brauch wird heute wiederentdeckt, der wie zu alten Zeiten vor allem zur Sommer- und Wintersonnenwende oder während der zwölf Raunächte (zwischen Heiligabend und Dreikönig) wieder auflebt: Bei den alten German wurde das „Sonnenwendkraut" als heiliges Räucherkraut genutzt, um „böse Geister" bzw. negative Energien zu vertreiben oder um die Intuition anzuregen. Auch in den Kräuterbüscheln, die zur Kräuterweihe (Maria Himmelfahrt, 15. August) in katholischen Gottesdiensten gesegnet werden, ist das Kraut nach wie vor ein wichtiger Bestandteil. Sein deutscher Name (Beifuß) stammt vermutlich vom Brauch der alten Römer, Beifußblätter in ihre Sandalen zu legen, um die Füße auf längeren Märschen vor Ermüdung zu schützen. Ein populärer Verwandter des Beifußes ist der **Echte Wermut** (*Artemisia absinthium*), der auch bei uns gebietsweise wild wächst und unter anderem zur Herstellung des gleichnamigen Kräuterweins sowie für Absinth genutzt wird. Bekannt sind daneben noch Estragon

(*Artemisia dracunculus*) und der **Asiatische Beifuß** (*Artemisia vulgaris var. indica*), auch Indisches oder Chinesisches Moxakraut genannt, das neben dem Gewöhnlichen Beifuß bei naturheilkundlichen Therapien zum Einsatz kommt (Moxibustion). Der **Einjährige Beifuß** (*Artemisia annua*) ist als antivirale und immunmodulierende Heilpflanze in jüngster Zeit in den Fokus gerückt. Das aus ihr gewonnene Artemisinin wird erfolgreich gegen Malaria eingesetzt.

Wuchs und Aussehen Die ausdauernde und mehrjährige Staude wächst in jedem Jahr aufs Neue bis zu einer Größe von 2 m heran. Die fingerdicke Wurzel sieht holzig aus und riecht aromatisch. Beifuß gedeiht aufrecht; seine Haupttriebe sind oft so stark verzweigt, dass die Pflanze eher einem verholzenden Strauch als einer Staude ähnelt. Die Stängel sind kantig, dünn behaart und typischerweise oft braunrot überlaufen. Die bis zu 10 cm langen Blätter sind wechselständig angeordnet, fiederteilig, scharf gezähnt und an ihrer Unterseite weißfilzig behaart. Im unteren Bereich der Pflanze sind meist Blattstiele erkennbar; oben und in der Mitte sind die Blätter dagegen kaum bestielt. Die zahlreichen Blütenstände sitzen am oberen Ende der Haupttriebe in langen Blütenrispen. Die Einzelblüten weisen einen Durchmesser von jeweils nur 2–3 mm auf. Sie bestehen aus grünlich-silbrigen, länglichen Hüllblättern, die gelbliche bis rötlichbraune, 1–3 mm große Röhrenblüten umfassen. Die Bestäubung erfolgt über Pollen mit dem Wind, was bei uns Heuschnupfen auslösen kann. Aus den Blüten entwickeln sich ab September einsamige Nussfrüchte.

***Typisch:** Beifußblätter sind auf der Oberseite dunkelgrün und kahl; die Unterseite ist deutlich grauweiß behaart und fühlt sich filzig an. Dagegen sind die Blätter bei der ähnlich aussehenden Beifuß-Ambrosie (Ambrosia artemisiifolia) beidseitig grün, beim Wermut (Artemisia absinthium) sind dagegen beide Blattseiten silbrig und pelzig behaart.*

Vorkommen Der Beifuß ist in allen Bundesländern sehr häufig anzutreffen und wächst bei uns auch noch in Höhen von ca. 1600 Metern. An Standorten wie Weg- und Straßenrändern, Brachflächen, Baustellen, Gewerbegebieten und auch auf biologisch bewirtschafteten Äckern mit nährstoffreichen Böden ist er oft zu finden.

Charakteristische Inhaltsstoffe Beifuß enthält reichlich sekundäre Pflanzenstoffe wie Bitterstoffe (Sesquiterpenlactone), Gerbstoffe, Flavonoide und ätherisches Öl (bis zu 0,3 %) mit Cineol, Kampfer und Thujon. Die Wurzel besitzt Inulin.

Vorbeugen und Heilen Volksheilkundlich wird der Beifuß zur Anregung des gesamten Stoffwechsels genützt, zur Stärkung der Abwehrkräfte und für

die Entschlackung. Die Bitterstoffe, die sich während der hochsommerlichen Blüte anreichern, sorgen für eine Anregung des Gallenflusses und unterstützen hilfreich die Funktionen von Darm und Leber.
Ein Fußbad am Abend mit einer Handvoll Beifußkraut hilft bei kalten Füßen und Einschlafstörungen. Beifuß wirkt erwärmend, tonisierend (stärkend), antibakteriell und fungizid (pilzhemmend). In der modernen Phytotherapie wird er vor allem bei Verdauungsstörungen und Appetitmangel eingesetzt. Bei Menstruationsstörungen besitzt er eine regulierende und krampflösende Wirkung; die Frauennaturheilkunde nützt ihn auch zur Einleitung von Geburten.

Achtung: *Da Beifuß wehenfördernd ist und eine Frühgeburt auslösen kann, darf er weder in der Schwangerschaft noch während der Stillzeit eingesetzt werden! Nicht bei Fieber oder einer Korbblütler-Allergie einnehmen.*

Sammeltipps

Die Blätter und Knospen einzeln abzupfen und in einem Stoffbeutel sammeln. Effizienter ist es, ganze Triebe von ca. 25 cm Länge zu ernten, um diese später am Stück zu trocknen. Da die Stängel und die gesamte Pflanze eine relativ zähe Struktur aufweisen, empfiehlt sich dazu eine Schere. Zum Trocknen die Stängel locker und in nicht zu dicke Büschel binden, da sie sonst im Inneren schimmeln könnten.

Anbau Auf gut durchlässigen, trockenen, aber nicht zu mageren Böden fühlt sich die Pflanze in Sonne und hellem Halbschatten wohl. Wurzelableger oder Jungpflanzen aus Bio-Staudengärtnereien sind für Beifuß besser geeignet. Immer einzeln oder am Beetrand pflanzen, da er gegenüber anderen Pflanzen dominant ist.

Verwendete Pflanzenteile und Erntezeit

junge Blätter	April bis Mai
Knospen	Juni
Blüten	Juli bis September

Mögliche Verwechslungen Der Gemeine Beifuß ist am besten durch seine Blätter zu unterscheiden (siehe „Typisch" auf Seite 23). Er kann mit der Beifuß-Ambrosie (*Ambrosia artemisiifolia*) und dem Wermut (*Artemisia absinthium*) verwechselt werden. Die Blüten der Beifuß-Ambrosie sind allerdings nicht rispen-, sondern als ährenartige Traube angeordnet, die im Gegensatz zum Beifuß Schirmchen besitzen und an den Stielen hängen. Die Beifußblüten streben an den Rispen nach oben.

Rezepte

Der Beifuß hat einen bitter-aromatischen Geschmack und ist als magenfreundliches Gewürz besonders für fettreiche und schwer verdauliche Gerichte geeignet. Verwendung finden die jungen Blätter, Triebspitzen und die Rispen (Stängel mit Blütenknospen). Ältere Blätter schmecken dagegen recht bitter. Beifuß wird – frisch oder getrocknet – im Gericht mitgekocht, damit er sein Aroma voll entfaltet. Praktisch dafür ist ein Gewürzsieb. Auch die japanische Küche schätzt Beifuß als Gewürz, z. B. für Reisgerichte und Soba-Nudeln.

Schmalzaufstrich mit Beifuß

3–4 kleine Schmalztöpfchen · 300 g natives Kokosöl · 90 ml neutrales, leicht erhitzbares Öl (z. B. Sonnenblumenöl) · 1 kleine Zwiebel, geschält · 1 kleiner Apfel, Kerngehäuse entfernt · 1 Stängel Beifuß oder 1–2 EL Blütenknospen · Meersalz und schwarzer Pfeffer, frisch gemahlen

Kokosöl mit dem Öl schmelzen. Währenddessen die Zwiebel und den Apfel in feine Würfel schneiden. Beides zusammen mit dem gehackten Beifuß oder den Beifußblüten dazugeben und etwa zehn Minuten bei sanfter Hitze köcheln. Vom Herd ziehen, etwas abkühlen lassen und mit Salz und Pfeffer abschmecken.

Rezept-Tipps: Das Schmalz lässt sich selbstverständlich auch klassisch mit Gänse- oder Schweineschmalz zubereiten. Dann das zweite Öl weglassen. Das Schmalz noch mit anderen Kräutern wie Oregano oder pikant mit Chiliflocken ergänzen.

Basisches Bittergewürz-Salz

ca. 700 g · 50 g Beifußblätter und -blüten (Erntezeit: Juli–September) · 50 g Schafgarbenblätter und -blüten (Mai–Oktober) · 50 g Löwenzahnwurzeln (November–Februar) 50 g Wald-Engelwurzblätter (März–Juni) und -samen (August/September) 500 g naturbelassenes Steinsalz

Alle Pflanzenteile nach dem Sammeln waschen und schonend trocknen, idealerweise in einem Dörrgerät. Die Pflanzenteile in einem Blitzhacker fein zerkleinern und gründlich mit dem Salz vermischen. Alternativ die Pflanzenteile mit dem Steinsalz zusammen in einem Hochleistungsmixer zerkleinern. Das Bittergewürz-Salz in saubere Schraubdeckelgläser abfüllen und dunkel, trocken und kühl lagern.

Rezept-Tipp: Beifuß passt nicht nur zu Weihnachtsgans, Ente, Lamm und Co., sondern auch zu herzhaften Fisch-, Käse-, Eier- und Kartoffelgerichten sowie zu Salaten.

Beifuß-Tee für Verdauung und Abwehrkräfte Für einen Tee werden die jungen Blätter und/oder die oberen 30 cm des Stängels mit Blättern und Blütenknospen geerntet. Dabei kann man auch gleich einen Wintervorrat ernten und im Schatten luftig trocknen. Auch das frische Kraut eignet sich gut für einen Teeaufguss. Für eine Tasse Tee (ca. 200 ml) übergießt man 2 TL frisches oder 1 TL getrocknetes Kraut mit kochendem reinem Wasser und lässt den Tee 5–7 Minuten abgedeckt ziehen. Nach Geschmack mit 1 TL Honig süßen. Der Tee kann bei Bedarf oder als kurzzeitige Kur angewendet werden (1–3 mal täglich 1 Tasse). Wie für viele Heilpflanzen gilt auch für den Beifuß: Nicht überdosieren und nur über einen begrenzten Zeitraum regelmäßig einnehmen (maximal 6 Wochen). Beifuß ist bei Fieber und für Schwangere nicht geeignet!

Räuchern mit Beifuß

ca. 40 % Beifußkraut (Blätter, Blüten und Stängel) · ca. 25 % Wacholdernadeln und/oder gemörserte Wacholderbeeren · ca. 25 % Fichten- oder Weißtannennadeln ca. 10 % Fichtenharz

Getrocknetes Beifußkraut eignet sich, um es pur oder in Mischungen zu räuchern. Diese Mischung wirkt entspannend und reinigt die Raumluft, indem es schlechte Gerüche sowie Viren und Bakterien vertreibt.

Aperitifwein mit Beifuß

500 ml *• 2–3 ca. 20 cm lange, frische Beifuß-Triebspitzen mit Blütenknospen oder Blüten (Erntezeit: Juni–September) • 500 ml trockener Weißwein*

Die Beifuß-Triebspitzen waschen und in eine verschließbare, sterilisierte Flasche oder Karaffe geben. Komplett mit dem Weißwein übergießen. Zwei bis drei Tagen an einem sonnigen und warmen Ort ziehen lassen. Dann den Beifuß entnehmen und den Wein kühl stellen. Als Aperitif in kleinen Mengen (ca. 100 ml) genießen.

Weißer Gänsefuß

Chenopodium album

Porträt

Der Weiße Gänsefuß ist auch unter den Bezeichnungen Melde oder Wilder Spinat bekannt. Der Name Baumspinat kam wohl aufgrund der enormen Wuchshöhe von bis zu 200 cm zustande. Schon in der Steinzeit stand die Pflanze auf dem Speiseplan unserer Vorfahren. Sie besitzt nussig-mild schmeckende Blätter, ähnlich wie unser bekannter Gemüsespinat (Spinacia oleracea). Der Weiße Gänsefuß aus der Familie der Fuchsschwanzgewächse (Amaranthaceae) ist in ganz Mitteleuropa verbreitet und an geeigneten Fundorten oft in Massenbeständen vorhanden. Die ausgewachsene Pflanze kann mitsamt Blütenstand sehr klein und schlank ausfallen, z. B. in einer Ritze in der Garageneinfahrt – oder auch zu einem hohen und breiten, stattlichen „Busch" heranwachsen, z. B. in einem Muttererde-Haufen am Rande einer Baustelle. Da sie sich auch auf Äckern stark ausbreiten kann und zudem den Boden auslaugt, ist die Saumelde, so ein weiterer Volksname, bei Landwirten entsprechend unbeliebt. Im Himalaja, in Indien oder China wird die Melde dagegen kultiviert und als Gemüse zubereitet. Auch für zahlreiche einheimische Tiere wie Schmetterlinge, Vögel und Rehwild ist sie eine wichtige Nahrungspflanze. Bleibt sie bis zur Blüten- und Samenbildung stehen, wird die äußere Ähnlichkeit zum Gemüsespinat noch deutlicher. Die knospigen Blütenstände können dann wie Brokkoli gegessen werden. Die Samen sind ein traditioneller Mehlersatz. Getrocknet und fein vermahlen gibt man sie zu Getreidebrei, Grütze oder Brotteig (siehe Rezept-Tipp auf Seite 32). Im Grunde ist der Weiße Gänsefuß unsere einheimische Quinoa: Das heute zunehmend beliebte Pseudogetreide aus den Anden ist ein eng verwandtes Gewächs aus der gemeinsamen Gattung Chenopodium.

Wuchs und Aussehen Die einjährige, krautige Pflanze kann zwischen 5 cm und 200 cm groß werden. Ihre Wurzel reicht bis zu 100 cm tief. Der Stängel wächst aufrecht und ist oft rötlich überlaufen, vor allem im Herbst. Der meist stark verzweigte Wuchs führt zu einer buschigen Form. Die Farbe der Pflanze ist ein gräulich-weißliches Grün. Durch Blasenhaare wirkt der Gänsefuß wie mit Mehl bestäubt (siehe unten: Typisch). Allen Blättern gemeinsam ist die wechselständige Anordnung am Stängel. Die Blattformen können allerdings sehr unterschiedlich ausfallen: Sie sind teilweise dreieckig, dann wieder eiförmig-rhombisch oder auch länglich-lanzettlich. Auch die Blattränder sind variabel: von unregelmäßig gezähnt bis ganzrandig. Die Blütenstände bilden sich an der Spitze der Triebe oder wachsen aus den Blattachseln heraus. Die einzelnen Blüten sind unscheinbar klein, grün-weißlich gefärbt, etwa 3–5 mm groß und stehen als kleine Knäuel in fast blattlosen Scheinähren. Diese ährenartigen Rispen sehen besonders mehlig aus. Die Samen sind schwarzbraun, glatt und glänzend.

Typisch: *Die ganze Pflanze, insbesondere die jungen Blätter und die Blütenstände, sind mit einer Art feinem Mehlstaub bedeckt, wobei es sich um Blasenhaare handelt. Dieser „Staub" ist gut sichtbar und man spürt ihn auch beim Anfassen der Pflanzenteile deutlich – er gehört jedoch zur Pflanze und ist kein Mehltau!*

Vorkommen Als typische Pionierpflanze und Ackerbegleitkraut besiedelt der Weiße Gänsefuß gerne Brachen, Baustellen, Schuttplätze und Ödland. Überall, wo sich Menschen ansiedeln und die ursprünglich geschlossene Vegetationsdecke aufbrechen, wächst der Weiße Gänsefuß gerne. Das gilt auch für die Äcker und Feldränder von Bio-Bauern und Gärtnereien, da hier keine chemischen Spritzmittel gegen die Begleitkräuter eingesetzt werden dürfen, sondern diese meist mechanisch, also mithilfe von Werkzeugen, zurückgedrängt werden. Das wäre bei der Melde auch gut durch Ernten und Verwerten möglich! In Zukunft wird man hoffentlich die Geschenke der Natur, die wie der Weiße Gänsefuß von alleine und oft massenhaft zwischen Mais, Zucchini, Kartoffeln, Kürbis und Kopfsalat aufkommen, auch als wertvolle Lebensmittel zu schätzen wissen.

Charakteristische Inhaltsstoffe Die vitale Pflanze enthält besonders viel Vitamin A, Vitamin C, Kalium, Zink, Phosphor, Kalzium, Magnesium, Eisen und weitere Spurenelemente. Der Vitamin-C-Gehalt ist im Vergleich zu einem Kopfsalat 18-mal, der Magnesiumgehalt 8 ½-mal und der von Eisen 7-mal so hoch! In den Samen stecken viele Mineralstoffe und Vitamin B_3, zudem sind sie hervorragende Proteinlieferanten.

Achtung: *Da der Weiße Gänsefuß auch Saponine und Oxalsäure enthält, sollte er nicht jeden Tag über eine längere Zeit hinweg auf dem Speiseplan stehen. Für Kinder unter zwei Jahren ist er nicht geeignet.*

Vorbeugen und heilen Weißer Gänsefuß wird schulmedizinisch nicht angewendet. Volksmedizinisch ist seine leicht abführende Wirkung bekannt, zudem ist er entzündungshemmend. Bei Insektenstichen, Ekzemen, rheumatischen Erkrankungen und geschwollenen Füßen wurden die gequetschten Blätter aufgelegt oder ein Aufguss angewendet. Der Tee wurde als Mundspülung gebraucht, um Zahnfleischentzündungen zu lindern.

Sammeltipps

Geerntet werden in erster Linie die jungen Blätter und Triebspitzen. Je nach Standortbedingungen und witterungsbedingten Einflüssen kann der Gehalt an Bitterstoffen und damit der Geschmack sehr unterschiedlich ausfallen: von sehr mild und nussig über würzig bis hin zu bitter – eine Kostprobe vor Ort ist daher zu empfehlen!

Anbau Auf nährstoffreichen, eher trockenen und kalkarmen Böden gedeiht der Weiße Gänsefuß gut, er ist außerdem für mind. 30 cm hohe Töpfe auf dem Balkon geeignet, wenn ausreichend gewässert wird. Aussaat: ab Januar. Besonders hübsch ist die Magenta-Melde mit roten Triebspitzen.

Verwendete Pflanzenteile und Erntezeit

junge Blätter und Triebspitzen	April bis August
Blütenknospen und Blüten	Juni bis Oktober
Samen	August bis September

Mögliche Verwechslungen Einige nahe Verwandte bevorzugen ähnliche Standorte wie der Weiße Gänsefuß: die Spreizende oder Gemeine Melde (*Atriplex patula*), Spieß-Melde (*Atriplex prostrata*), Langblättrige Melde (*Atriplex oblongifolia*), Glanz-Melde (*Atriplex sagittata*) sowie ausgewilderter Quinoa (*Chenopodium quinoa*). Die Blätter sind anders geformt, oft nicht so deutlich mehlig bestäubt, aber ähnlich graugrün gefärbt. Die Pflanzen zeigen ebenfalls unscheinbare Blüten, die in Blütenständen an den Triebspitzen stehen. Alle genannten Arten sind jedoch essbar und ähnlich schmackhaft.

Rezepte

Spinat-„Brokkoli"-Salat

***2 Portionen** · 100 g junge Blätter und/oder Triebspitzen vom Weißen Gänsefuß*
50 g Blütenknospen und junge Samenstände vom Weißen Gänsefuß
100 g Baby-Spinat · 8 Cocktailtomaten oder 4 mittelgroße Tomaten · 1 rote Zwiebel
3 EL Sahne/Rahm · 3 EL Olivenöl · 2 EL Pecorino, fein gerieben
3 EL Zitronen- oder Limettensaft · 1–2 Knoblauchzehen, geschält und durchgepresst
Salz und schwarzer Pfeffer, frisch gemahlen

Blätter, Triebspitzen, Knospen und Samen vom Weißen Gänsefuß sowie den Baby-Spinat gründlich unter fließendem Wasser waschen und trocken schleudern. Tomaten waschen, von den Stielansätzen befreien und mundgerecht zerkleinern. Zwiebel schälen und in feine Ringe schneiden. Alles in eine Salatschüssel geben. Aus den restlichen Zutaten ein Dressing anrühren und unter den Salat mengen. Für eine vegane Variante 4 EL Cashewmus anstelle von Sahne und Käse verwenden.

Baumspinat-Gemüse

***4 Portionen** · 1 Zwiebel · 2–3 EL natives Olivenöl · 1–2 Knoblauchzehen*
3–4 Handvoll junge Blätter und Triebspitzen vom Weißen Gänsefuß · 125 ml Sahne/Rahm, nach Geschmack · Salz und schwarzer Pfeffer, frisch gemahlen · Muskatnuss, frisch gerieben
(Zubereitung s. Seite 32)

Die Zwiebel klein würfeln. Eine Pfanne mit Olivenöl erhitzen und die Zwiebel anschwitzen. Knoblauch schälen, durchpressen und kurz mitbraten. Blätter und Triebspitzen vom Weißen Gänsefuß gründlich unter fließendem Wasser waschen und tropfnass dazugeben. Bei Bedarf wenig Wasser zugießen und den Gänsefuß abgedeckt zusammenfallen lassen, dabei gelegentlich umrühren. Sobald das Gemüse weich ist, nach Geschmack Sahne hinzufügen, mit Salz und Pfeffer abschmecken. Ganz zum Schluss Muskat darübergeben. Das Baumspinat-Gemüse passt zu Kartoffeln oder Reis und eignet sich auch zum Füllen von Muffins (siehe Seite 32) oder für eine Quiche.

Gefüllte rote Muffins mit Melde

1 großes 12er-Muffinblech *· 1 Portion Baumspinat-Gemüse (siehe Seite 31, ohne Sahne) · 300 g Dinkelmehl (Type 1050) · 10 g Frischhefe · ca. ⅛ l lauwarmes, reines Wasser · 1 TL Rohrohrzucker · 200 g Tomatenmark (2-fach konzentriert) 1–2 EL Thymian oder wilder Quendel · 3 EL natives Olivenöl · 1 TL naturbelassenes Steinsalz · 100 g Bergkäse, frisch gerieben, nach Geschmack*

Das Mehl in eine Schüssel geben und in die Mehlmitte eine Mulde drücken. Die Hefe in die Mulde krümeln, mit dem Wasser übergießen und die Hefe mit den Fingern in der Mulde auflösen. Alle übrigen Zutaten ohne Kontakt zur Hefe bereits in die Schüssel auf das Mehl geben. Die Schüssel mit einem sauberen Küchenhandtuch abdecken und den Teig an einem warmen Ort ca. 15 Minuten gehen lassen. Danach alle Zutaten verkneten, bis der Teig Blasen wirft und sich zu einer Kugel formen lässt. Bei Bedarf noch etwas lauwarmes Wasser zugießen. Abgedeckt weitere 20–30 Minuten gehen lassen. Backofen auf 200 °C vorheizen. Den Teig auf einer bemehlten Fläche ausrollen und mit einem weiten Trinkglas Scheiben ausstechen. Diese in Muffin-Papierförmchen oder in die gefetteten Mulden einer Muffinform drücken und mit dem Baumspinat-Gemüse füllen. Nach Belieben mit Reibekäse bestreuen und etwa 20 Minuten backen.

Rezept-Tipps: Für ein „grünes Mehl" die getrockneten Blätter, Blüten- und Samenstände des Weißen Gänsefußes mörsern oder in einem Mixer zu „Mehl" pulverisieren. Es kann bis zu einem Anteil von ca. 20 % mit Getreidemehl vermischt werden, ohne dessen Back-Eigenschaften wesentlich zu verändern. Oder dem Teig noch Kurkuma hinzufügen, der ihn gelb färbt.

Gefüllte rote Muffins mit Melde,
Seite 32

Hirtentäschel

Capsella bursa-pastoris

Porträt

Das Hirtentäschel stammt, wie viele andere würzig-scharf schmeckende Wildpflanzen, aus der großen Familie der Kreuzblütler (Brassicaceae). Sowohl der deutsche als auch der botanische Pflanzenname beziehen sich auf die charakteristische Form der Samenschoten: *Capsella* steht für Kapsel, *bursa* ist die Tasche und *pastor* der Hirte. Die Schoten sehen aus wie die früheren (Gürtel-)Täschchen der Hirten. Volksnamen wie Bauernsenf, Herz- und Blutkraut veranschaulichen den früheren Gebrauch der Heilpflanze. Das Aroma der Blätter ist würzig-pikant, erinnert an Kresse und Rucola und bereichert ganzjährig Salate, Gemüsegerichte, Saucen, Kräuterquark und Pestos. Mit Beginn der Blütezeit werden die Blätter zunehmend schärfer. Auch Blüten und Samen schmecken pfeffrig-würzig, die Wurzel kann mit ihrem ingwerähnlichen Aroma auch als Trockengewürz verwendet werden (siehe Rezepte).

Wuchs und Aussehen Das Hirtentäschel wächst als ein- bis zweijährige, krautige Pflanze. Sie wird 10–60 cm hoch; ihr Wurzelsystem mit der verdickten Hauptwurzel geht jedoch bis 90 cm in die Tiefe. Die Pflanze bildet am Boden eine grundständige Blattrosette, aus der sich der aufrechte Haupttrieb entwickelt und mitunter auch verzweigt. Das Aussehen der Blätter kann stark variieren, gemeinsam ist allen die länglich-lanzettliche Grundform. An der Blattrosette weisen sie einen Stiel auf, während die wechselständig stehenden Stängelblätter nicht gestielt sind und mit ihrem pfeilförmigen Blattgrund den Stängel umfassen. Ansonsten sind bei der Blattform vom fast glattrandigen, nur leicht gebuchteten Blatt bis hin zu tief eingeschnittenen, fiederartig aufgeteilten Blättern alle Übergänge und Varianten möglich – was das Bestimmen der Pflanze erschwert. Wesentlich leichter ist es dagegen, die Pflanze anhand ihrer charakteristischen Blüten- und Samenstände zu erkennen. Die vier im Kreuz stehenden Blütenblättchen sind reinweiß. Darunter befinden sich jedoch vier grüne, behaarte Kelchblätter, wodurch ein weiß-grünlicher Gesamteindruck entsteht. Die einzelnen Blütchen werden nur ca. 4 mm groß und stehen an Stielen in einem traubigen Blütenstand zusammen. Während die Blüten an den Haupttrieben von unten nach oben aufblühen, wachsen die Triebe ständig weiter. Oft kann man alle Entwicklungsstadien von Blüten und Samen gleichzeitig an einem Trieb sehen: Ungeöffnete Blütenknospen an der Pflanzenspitze, nach unten hin gefolgt von aufgeblühten und schließlich von verblühten Blüten – bis hin zu den verkehrt herzförmigen bis dreieckigen, ca. 6-8 mm langen Samenschoten. Diese enthalten jeweils bis zu zwölf Samen.

Typisch: *Oft fällt Kindern das Hirtentäschel auf – weist es doch die einzigartigen „Herzchen" auf, nach deren eindeutiger Form die Pflanze auch benannt wurde. Dabei handelt es sich um die Samenstände der Pflanze, die zahlreich an jeweils langen Stielen vom Stängel abstehen.*

Vorkommen Das Hirtentäschel ist in ganz Europa weit verbreitet. Als Acker-Begleitkraut oder „kulturbegleitende Wildpflanze" besiedelt es gerne vom Menschen geschaffenes „Neuland", wie frisch umgegrabene und nährstoffreiche Äcker oder Gartenbeete. Auch auf Brach- und Ödland, in Weinbergen sowie an Wegrändern oder auf Weideflächen wird man schnell fündig.

Charakteristische Inhaltsstoffe Das Hirtentäschel enthält reichlich Vitamin C (bis zu 177 mg/100 g Frischpflanzen) sowie Kalium und Kalzium. Dazu kommen Proteine, Flavonoide, organische Säuren, Aminosäuren, Saponine und Senfölglykoside.

Vorbeugen und heilen Das Blutkraut, so ein alter Volksname, wird auch heute noch zur Stillung von Blutungen angewendet. So ist ein (lauwarmer) Teeaufguss als Umschlag oder als Tamponade bei Nasenbluten gebräuchlich. Die blutstillende Wirkung wurde offiziell nachgewiesen und vom Bundesinstitut für Arzneimittel und Medizinprodukte (BfArM) anerkannt: „innerlich zur symptomatischen Behandlung leichterer Menorrhagien (verstärkte und verlängerte Regelblutungen) und Metrorrhagien (Dauerblutungen); äußerlich bei Nasenbluten (lokale innere Anwendung) sowie bei oberflächlichen, blutenden Hautverletzungen". In der Homöopathie wird Hirtentäschel ebenfalls zur Behandlung von Blutungen sowie bei Erkrankungen von Nieren und

Galle verordnet. Die enthaltenen Senfölglykoside wirken antibakteriell und keimhemmend („pflanzliche Antibiotika"). Vorbeugend ist Hirtentäschel als frisch-würziger Bestandteil einer Frühjahrskur gut geeignet.

Achtung: *Da Hirtentäschel vorzeitige Wehen auslösen kann, darf es in der Schwangerschaft nicht eingesetzt werden!*

Sammeltipps

Da das Hirtentäschel mit seiner grundständigen Blattrosette überwintern kann, lassen sich die Blätter der Rosette und des Stiels das ganze Jahr über ernten – solange die Pflanze nicht von Schnee bedeckt ist. Die Hauptsaison für die Blätter ist jedoch das Frühjahr, bevor die Pflanzen zu blühen beginnen. Dann schmecken sie zart und sind zahlreich zu finden. Die kleinen Blütenstände werden wegen ihres aparten Aussehens immer häufiger in der Floristik eingesetzt. Entsprechend eignen sie sich hervorragend als würzige, essbare Dekoration von pikanten Speisen. Das gilt natürlich auch für die auffällig hübschen Samenstände – solange diese noch grün und zart sind: Am besten vor dem Sammeln immer eine Geschmacksprobe machen!

Anbau Nähr- und stickstoffreiche Böden, ein sonniges Plätzchen und sporadisch Feuchtigkeit – und das Hirtentäschel fühlt sich im Garten oder auf dem Balkon wohl. Am besten am Rand des Kräuterbeets pflanzen, denn Schnecken mögen diese Pflanze nicht. Aussaat: nach der Frostperiode.

Verwendete Pflanzenteile und Erntezeit

Blätter	ganzjährig, Hauptsaison im Winter und Frühling
Blüten	März bis September
Schoten	Mai bis September
Wurzel	Oktober bis März

Mögliche Verwechslungen Das Hirtentäschel ähnelt dem ebenfalls essbaren Acker-Hellerkraut (siehe Seite 14: „Mögliche Verwechslungen"). Die Blattrosette des Hirtentäschels sieht zudem ähnlich aus wie beim Löwenzahn oder bei der Rauke – keine Verwechslungsgefahren also, sondern weitere essbare Wildpflanzen.

Rezepte

Sommerlicher Tomatensalat mit pfeffrigen Hirtentäschelsamen Reife Tomaten waschen, von den Stielansätzen befreien, je nach Größe in Viertel oder Achtel schneiden und auf einem großen Teller anrichten. Mit einer Vinaigrette aus nativem Olivenöl, Balsamico, Salz, Pfeffer und Senf beträufeln. Eine halbe bis eine Handvoll junge, noch zarte Samenschoten des Hirtentäschels (Geschmacksprobe!) gründlich waschen, trocken tupfen und über den Salat streuen.

Würzig-fruchtiges Hirtentäschel-Dressing

4 Portionen *· 1 Apfel · 1 Handvoll junge Blätter vom Hirtentäschel · 50 g Sonnenblumenkerne · 1 unbehandelte Bio-Zitrone, frisch gepresster Saft und Schale 3 EL Olivenöl · 2 Datteln, entsteint · 100 ml reines Wasser · Salz und Pfeffer, frisch gemahlen*

Apfel waschen, vierteln und entkernen. Blätter vom Hirtentäschel gründlich waschen und trocken schütteln. Von der Zitrone der Länge nach einen ca. 1 cm breiten Schalenstreifen abziehen. Alle Zutaten in einem Hochleistungsmixer oder Blitzhacker zu einem sämigen Dressing verarbeiten. In einer Flasche oder einem Schraubdeckelglas ist das Dressing etwa eine Woche im Kühlschrank haltbar.

Rezept-Tipp: Die jungen Blätter des Hirtentäschels schmecken roh als Beigabe im Wildkräutersalat. Klein geschnitten und gedünstet ergeben sie eine gute Suppeneinlage und passen beispielsweise zu Sellerie, Möhren, Blumenkohl oder Kartoffeln.

Hirtentäschel-Würzsalz

ca. 100 g *· 50 g getrocknete, saubere Wurzeln vom Hirtentäschel 50 g naturbelassenes Steinsalz*

Die Wurzeln in ca. 1 cm große Stücke schneiden und mit dem Salz in einem Hochleistungsmixer oder Blitzhacker vermahlen. Das Würzsalz in ein sauberes und trockenes Schraubdeckelglas abfüllen. Dunkel und kühl lagern. Es eignet sich für pikante Gerichte und zum Ansetzen von milchsaurem Gemüse (siehe Seite 86 f.). Ähnlich wie Ingwer verleiht es eine scharfe Note; zu Möhren passt es besonders gut.

Rezept-Tipp: Auch die frisch geerntete Wurzel des Hirtentäschels ergibt, gesäubert und sehr fein geschnitten, eine würzige Zutat für Salate und Suppen. Die Wurzel sollte dazu zwischen Winter und zeitigem Frühjahr, in jedem Fall vor der Blüte, geerntet werden.

Sommerlicher Tomatensalat mit Hirtentäschelsamen, Seite 38

Große Klette

Arctium lappa

Porträt

Wahrscheinlich haben auch Sie schon Bekanntschaft mit der Klette gemacht: Mit ihren Früchten heftet sie sich an alles, was vorüberstreift: Hosenbeine, Jacken, Strümpfe, Hundefell und Kinderhände. Die kugelförmigen Blütenköpfchen weisen rund um ihre hübsche, violett-weiße Blütenmitte zahlreiche Hüllblätter auf, die alle mit borstigen Widerhaken versehen sind – für die Pflanze aus der Familie der Korbblütler (Asteraceae) eine erfolgreiche Art der Vermehrung, für uns auch im übertragenen Sinne ein lästiger Verfolger, der zudem einen unangenehmen Juckreiz verursachen kann und nicht ins Auge gelangen sollte. Aber auch diese Pflanze erweist uns gute Dienste: Neben fröhlichen Kinderspielen waren die Früchte Vorbild für den Klettverschluss an Kleidungsstücken oder Taschen. Besonders im ersten und zu Beginn des zweiten Wuchsjahres treibt die vitale Pflanze riesige Blätter aus, die früher als Sonnen- oder Regenschutz verwendet wurden. Die bitteren Blätter dienten als volksheilkundliche Teezutat, als Sud für die äußerliche Anwendung bei verschiedenen Hautleiden oder als Tabakersatz. Die fleischigen Wurzeln schmecken ähnlich wie Schwarzwurzeln und werden deshalb vor allem in Japan kultiviert. Die Blütenböden erinnern geschmacklich an Artischocken. Auch wenn das Ausgraben der tief reichenden Wurzeln und das Auspulen der Blütenböden etwas aufwendig ist – der Genuss belohnt diese Arbeit. Das Mark der Stängel und Blattstiele schmeckt mild aromatisch, süßlich und wird sogar als Delikatesse gerühmt. Die Wurzeln wiederum sind seit langer Zeit für ihre kosmetische Anwendung bekannt: als Haarwuchs- und -pflegemittel. Entsprechend lautet ein alter Volksname der Pflanze Haarwachswürze.

Wuchs und Aussehen Die Große Klette ist zweijährig, wächst aufrecht, meist strauchartig verzweigt, und kann bis zu 1,5 m hoch werden; manchmal wird die kräftige, üppige Pflanze sogar noch höher. Der bis zu daumendicke Stängel ist längs gefurcht und wie die Blattstiele mit Mark gefüllt. Besonders im unteren Teil sind beide oft rötlich bis braun überlaufen. Die Grundblätter können bis zu 60 cm lang und breit werden, sie sind in der Form variabel: teilweise herzförmig, nahezu dreieckig oder auch eiförmig. Die Blattoberseiten sind dunkelgrün, die Unterseiten grauweiß, leicht behaart und etwas filzig. Die zahlreichen und lang gestielten, etwa 3–5 cm großen Blütenköpfe sind locker angeordnet. Ihre zahlreichen, purpur-weißen Röhrenblüten in der Blütenmitte sind kugelförmig von den kräftig grünen, hakenförmig gekrümmten Hüllblättern umgeben, denen die Pflanze ihren Namen verdankt. Die Samen sind schwarz und bis zu 7 mm lang. Die kräftige Pfahlwurzel der Großen Klette ist außen schwarz, innen aber weiß und fleischig. Sie reicht bis zu 1 m tief in den Boden und verholzt im zweiten Wuchsjahr.

***Typisch:** Man erkennt die Große Klette leicht an ihren kugeligen, anhaftenden Früchten (Juli bis Oktober) und an ihren auffällig großen Blättern, die auf der Oberseite grün und unten grauweiß, leicht behaart und etwas filzig sind.*

Vorkommen Die Pflanze ist an Wegrändern, Böschungen, lichten Stellen im Wald, auf Brachland, Ruderalflächen oder an Flussufern zu finden. Die Klette kommt mit wenigen Ausnahmen in ganz Europa vor, ist in wärmeren Regionen jedoch auf die kühleren und feuchteren Lagen der Gebirge beschränkt. Sie wächst bevorzugt an nährstoffreichen Standorten.

Charakteristische Inhaltsstoffe Die Wurzel der Großen Klette enthält vor allem Schleim- und Bitterstoffe, Inulin, Stärke, Flavonoide, Glykoside, Mineralstoffe sowie ätherisches Öl. Über die Inhaltsstoffe der Blätter und des Marks aus Stängeln und Blattstielen ist nichts Genaues bekannt. Wie bei allen essbaren Wildpflanzen kann man aber von einem hohen Gehalt an Mineralstoffen und Spurenelementen ausgehen. Beim Geschmackstest ist der Gehalt an Bitterstoffen eindeutig.

Vorbeugen und Heilen Volksheilkundlich verwendet man die frischen, gequetschten Blätter bei Abszessen, Furunkeln und rheumatischen Beschwerden. Ein Tee aus den Blättern wird volksmedizinisch zur Entschlackung sowie bei Hautproblemen und Haarausfall empfohlen. Auch äußerlich kann der Sud in die Kopfhaut einmassiert werden. Insbesondere ist es jedoch die Wurzel, die für verschiedene Erkrankungen der (Kopf-)Haut und zur Durchspülung bei leichten Harnwegsbeschwerden verwendet wird. Sie besitzt antibakterielle, pilz- und entzündungshemmende sowie stoffwechselanregende Wirkungen. Zudem fördert sie den Haarwuchs, pflegt Haut und Haar und ist bei Kopfschuppen wirksam. Die Naturkosmetik bietet zahlreiche Produkte mit Klettenwurzelextrakt an. Auch das Öl der Samen wird traditionell zur Stärkung der Haare und deren Pflege verwendet.

Achtung: *Nicht bei Korbblütler-Allergie einnehmen.*

Sammeltipps

Die Ernte der Wurzeln sollte erst erfolgen, wenn sich die Pflanze auf den Winter vorbereitet und ihre Kräfte in den Wurzeln sammelt. Dann ist der Gehalt an wertvollen Inhaltsstoffen am höchsten. Zur Ernte der dickfleischigen Stängel und Blattstiele ist ein scharfes Messer oder eine gute Gartenschere hilfreich. Wichtig ist, die Wurzel von Pflanzen im ersten Wuchsjahr zu ernten (die Blüte erfolgt erst im zweiten Jahr, danach stirbt die Pflanze). Eine einjährige Große Klette erkennt man daran, dass an ihr nur die charakteristischen Blätter zu sehen sind, jedoch keine aufstrebenden Triebe mit Blüten oder Samenständen. Dann ist ihre Wurzel noch zart und nicht verholzt. Je nach Standort (wenig Licht) kann es aber auch sein, dass die Pflanze zwei Jahre benötigt, bis sie ausreichend Stärke in die Wurzel eingebaut hat, um die Blüten im kommenden Jahr treiben zu lassen.

Anbau Auf nährstoffreichen, durchlässigen Böden gedeiht die Große Klette im Warmen in der Sonne am besten. Eine ausgewachsene Pflanze benötigt im zweiten Jahr einen Quadratmeter für sich alleine. Daher ist die Große Klette für Topf- und Balkonkultur nicht geeignet. Aussaat: Sommermonate.

Verwendete Pflanzenteile und Erntezeit

Blüten und Blattstängel	Mai bis Juli
Samen	September bis Oktober
Wurzel der einjährigen Pflanze	Ende Oktober bis Februar

Mögliche Verwechslungen Die Blätter des Huflattichs (*Tussilago farfara*) sind von ähnlicher Struktur, Farbe und Filzigkeit, doch wesentlich kleiner. Vor allem wächst Huflattich nicht zu einer hohen, verzweigten Staude heran und blüht nicht im Sommer, sondern im Vorfrühling. Auch die Pestwurz (*Petasites hybridus*) weist ähnliche Blätter auf, aber sie zeigt im Sommer keine Blüten und wächst nicht mit verzweigten Stängeln.

Weitere Verwechslungsmöglichkeiten gibt es innerhalb der Klettenfamilie: Auch die Kleine Klette (*Arctium minus*) und die Filzige Klette (*Arctium tomentosum*) sehen ähnlich aus. Beide können aber ebenso für Kosmetik und Küche genutzt werden.

Rezepte

Klettenmark-Gemüse Das Schälen der Stängel und Blattstiele ist etwas aufwendig – aber die Mühe lohnt sich, denn das enthaltene Mark schmeckt köstlich! Dazu die Stängel und die dicken Blattstiele der Klette in fingerlange Stücke schneiden und mit einem Sparschäler gründlich von der ledrigen, bitteren Schale befreien. Das Mark in Stifte schneiden. Möhren und/oder Gemüsepaprikas gründlich waschen, putzen und ebenfalls in Stifte schneiden. Mark und Gemüse sowie eine Prise Thymian oder Quendel in einem Topf mit Gemüsebrühe knapp bedecken und aufkochen. Drei bis vier Minuten köcheln lassen, bis das Gemüse angenehm bissfest ist. Mit Salz, Pfeffer und etwas Zitronensaft abschmecken und mit nativem Olivenöl beträufeln. Das einfache Gericht passt gut zu Reis oder Hirse mit einem frischen Salat.

Nach Geschmack noch etwas Sahne oder Mandelmus und Muskatnuss unterrühren, mit geröstetem Sesam bestreuen.

Klettenwurzel-Suppe

für 2 Portionen · 2 Wurzeln von der Klette im ersten Wuchsjahr (s. Seite 44) · 1 Zwiebel 1 Knoblauchzehe · 2 EL natives Olivenöl · 1 TL Rohrzucker · 500 ml Gemüsebrühe 2–3 mehlig kochende Kartoffeln, gegart · Salz und schwarzer Pfeffer, frisch gemahlen Muskatnuss

Die Klettenwurzeln mit der Gemüsebürste waschen, schälen und in dünne Scheiben schneiden. Zwiebel und Knoblauch schälen, klein würfeln und in einer Pfanne mit dem Olivenöl glasig anschwitzen. Klettenwurzeln und Zucker dazugeben und zwei bis drei Minuten bei mittlerer Hitze unter gelegentlichem Rühren karamellisieren lassen. Mit der Gemüsebrühe ablöschen und zehn Minuten köcheln. Mit einem Schaumlöffel einige Stücke herausnehmen und abtropfen lassen. Die Kartoffeln schälen, klein schneiden und zur Suppe geben, alles pürieren. Mit Salz, Pfeffer und Muskat abschmecken und die beiseite gelegten Klettenwurzelstücke unterrühren.

Rezept-Tipps: Die weichen, noch nicht verholzten Klettenwurzeln (im ersten Wuchsjahr geerntet, siehe Sammeltipps) schmecken roh und geraspelt in einem Salat. Sie können aber auch kandiert werden.

Klettenwurzel-Haaröl Die Wurzel der einjährigen Klette (siehe Sammeltipps) mit einer Gemüsebürste gründlich waschen, aber nicht schälen. Die Wurzel in kleine Stücke oder Scheiben schneiden, in ein Schraubdeckelglas füllen und mit nativem Olivenöl übergießen, bis die Wurzelstücke vollständig bedeckt sind. Verschließen und ca. zwei Wochen an einem hellen, warmen Ort (Fensterbank) ziehen lassen. Dann das Öl durch ein Sieb abgießen und in ein verschließbares Fläschchen füllen. Nach der Haarwäsche wird es in kleinen Mengen in das noch feuchte Haar einmassiert; die Haltbarkeit beträgt mindestens ein Jahr.

Wilde Kur für Haar und Kopfhaut Gründlich gesäuberte, klein geschnittene Klettenwurzeln (siehe Sammeltipps) in wenig Wasser weich kochen und zu einem sämigen Brei pürieren. Einige Esslöffel dieser Haarkur abends vor dem Schlafengehen in Haare und Kopfhaut einmassieren. Den Kopf mit einem Haarturban oder einer Mütze bedecken und/oder ein großes Handtuch über das Kissen legen. Die Kur über Nacht einwirken lassen. Am nächsten Morgen mit einem milden Naturkosmetik-Shampoo auswaschen.

Mischgemüse aus Klettenwurzelmark und Möhre, Seite 45

Knopfkraut

Galinsoga parviflora und Galinsoga ciliata

Porträt

Das Knopfkraut, auch Franzosenkraut, ist ein echter Pionier und Weltenbummler: Es stammt ursprünglich aus den Tropen Südamerikas. Nachdem es Ende des 18. Jahrhunderts in einigen botanischen Gärten Europas und wegen seiner schmackhaften Blätter wenig später auch in deutschen Pfarrgärten und auf französischen Feldern angepflanzt wurde, verbreitete es sich rasch. Da die Pflanze zeitgleich mit der Besetzung Deutschlands durch die napoleonische Armee zu Beginn des 19. Jahrhunderts auftrat, erhielt sie ihren Namen Franzosenkraut. Knopfkraut wird sie wegen ihrer goldgelben Blütenstände genannt, die ähnlich wie die Knöpfe an den französischen Offiziersuniformen aussahen. Das Kraut vermehrte sich so stark, dass die Getreideernten bedroht waren. Heute sind bei uns zwei Arten des Knopfkrauts heimisch: das **Kleinblütige Knopfkraut** (*Galinsoga parviflora*) und das **Behaarte Knopfkraut** (*Galinsoga ciliata,* oben abgebildet). Beides sind Korbblütler (Asteraceae) und gleichwertig nutzbar. Als Kind der Tropen ist das Knopfkraut in Mitteleuropa nur im Sommer anzutreffen. Schon bei der allerersten Andeutung von Frost, meist im Oktober, erfrieren die Blätter und werden über Nacht schwarz. Zwischen Mitte Mai und September wächst es allerdings äußert schnell und vital und ist dabei auch sehr vermehrungsfreudig – eine Pflanze kann bis zu 100.000 Samen hervorbringen! Wird das Kraut ausgerissen und liegen gelassen, wächst es bei feuchtem Wetter einfach wieder an. Die Pflanze bestäubt sich selbst und ist damit auch nicht auf Insekten angewiesen. In einem Jahr können drei Generationen austreiben. Die Samen überleben mehrere Jahre im Boden, um bei den günstigsten Bedingungen zu keimen. Von der großen Ablehnung, die diesem widerstandsfähigen „Unkraut" zuteil wird, zeugen regionale Namen wie Gartenpest oder Teufelskraut. Dabei schmecken beide bei uns heimisch gewordenen Arten angenehm zart, mild würzig und leicht nussig. Zudem stecken sie voller Mineralstoffe und Vitamine. Kulinarisches Neuland zu betreten, lohnt sich hier also ganz besonders!

Wuchs und Aussehen Das einjährige Knopfkraut wurzelt tief und erreicht eine Wuchshöhe von etwa 60 cm. Am mehrfach verzweigten Stängel befinden sich gestielte und gegenständige stehende Blätter. Diese sind froschgrün, beidseitig leicht behaart, eiförmig, spitz zulaufend und am Rand gezähnt. Es stehen immer mehrere der goldgelben Knopf-Blütenstände in kleinen Büscheln zusammen. Der Aufbau der ca. 5 mm großen Einzelblüte zeigt außen einen „Korb" aus hellgrünen Hüllblättern, das Innere ist mit zahlreichen goldgelben Röhrenblüten gefüllt, und am Blütenrand stehen fünf auffällige weiße Zungenblüten, die außen jeweils zwei bis drei Zähnchen aufweisen. Die Samen sind schwarze Nüsschen. Die beiden bei uns heimisch gewordenen Arten sind recht ähnlich, unterscheiden sich aber vor allem in der Blattfarbe (Behaartes Knopfkraut: dunkelgrün – Kleinblütiges Knopfkraut: hellgrün) und im Grad ihrer Behaartheit (Behaartes Knopfkraut: Stängel und Blätter deutlich stärker behaart). Zudem ist der Wuchs des Behaarten Knopfkrauts stark verzweigt, der des Kleinblütigen Knopfkrauts mit einem aufrechten Stängel nur im oberen Bereich verzweigt.

Vorkommen Knopfkraut ist auf jährlich neu bestellten Ackerflächen, in Gärtnereien, auf Gemüse- und Blumenbeeten sowie in biologisch bewirtschafteten Weinbergen zu finden. Es bevorzugt nähr- und stickstoffreiche, lockere Böden sowie sonnige, warme Standorte und eine regelmäßige Versorgung mit Wasser.

Charakteristische Inhaltsstoffe Das Knopfkraut weist einen erstaunlich hohen Eisengehalt auf (14 mg auf 100 g Frischpflanze). Zudem enthält es reichlich Eiweiß, Mangan und Provitamin A (Carotin), Kalium (390 mg), Phosphor (56 mg), Magnesium (56 mg), Kalzium (410 mg) sowie 125 mg Vitamin C, zudem noch Vitamin E.

Vorbeugen und Heilen In der Volksheilkunde Südamerikas wird das Knopfkraut bei Magenbeschwerden und zur Unterstützung der Leber angewendet. Damit unser Körper das enthaltene Eisen besser aufnehmen kann, ist es sinnvoll, gleichzeitig Vitamin-C-haltiges Obst oder Gemüse zu essen!

Achtung: *Nicht bei Korbblütler-Allergie einnehmen.*

Sammeltipps

Knopfkraut ist sehr frostempfindlich, daher kann seine Saison im Herbst abrupt enden. Von Juni bis September steht das Kraut aber reichlich zur Verfügung. Gesammelt werden die jungen Triebspitzen mit dem frischen Laub und den Blütenständen. Die Triebe schneidet man möglichst ab und reißt sie nicht heraus, sodass die Pflanze sich während der folgenden zwei Wochen regeneriert und bald wieder austreibt. Wird es wie in seiner tropischen Heimat gut mit Wärme und Feuchtigkeit versorgt, ist das Franzosenkraut äußerst wuchsfreudig – sodass man es im Garten eher an der Ausbreitung hindern muss.

Anbau In der Sonne und im hellen Halbschatten gedeiht das Knopfkraut auf nährstoffreichen, durchlässigen Böden mit regelmäßigen Wassergaben. Ideal für die Aussaat in Balkonkästen, Töpfen und Kübeln, wächst es aber auch in Blumen- und Gemüsebeeten üppig. Aussaat: ab Januar (Samen winterhart, Pflanze nicht).

Pesto verde, Seite 53

Verwendete Pflanzenteile und Erntezeit

Blüten	Juni bis Oktober (erster Frost)
Blätter und junge Triebe	Mai bis Oktober (erster Frost)

Rezepte

Grüne Gazpacho

***1 Portion** · 2 Handvoll Knopfkraut-Triebspitzen mit Blüten · ½ altbackenes Brötchen 250 ml reines Wasser · 1 kleine Zwiebel · ½ Knoblauchzehe · 1–2 EL natives Olivenöl 1 Tomate · ½ Zucchini · Salz und Pfeffer*

Das Knopfkraut waschen. Das Brötchen mit dem Wasser in einen Hochleistungsmixer geben und etwas einweichen lassen. Das Knopfkraut und die übrigen Zutaten dazugeben und pürieren. Eine leichte, erfrischende und stärkende Sommersuppe!

Pesto verde

***für 4 Portionen** · 100 g Knopfkraut-Triebspitzen mit Blüten · 100 ml natives Olivenöl 100 g Nüsse oder Kerne, z. B. Pinien- oder Sonnenblumenkerne · 1 Knoblauchzehe 1 TL Apfel- oder Birnendicksaft, alternativ Rohrohrzucker · 1 EL Zitronensaft Salz und schwarzer Pfeffer, frisch gemahlen*

Das Knopfkraut waschen und trocken tupfen. Mit allen weiteren Zutaten in einem Hochleistungsmixer zu einem leicht stückigen Pesto verarbeiten.
Zu Nudeln, auf geröstetem Brot als Bruschetta oder als Dip zu Gemüserohkost.

Eisen-Saft Dieser Saft enthält sowohl reichlich Eisen (Knopfkraut, Brennnessel) als auch viel Vitamin C (Brennnessel, Knopfkraut, Obst), damit das Eisen vom Körper optimal aufgenommen werden kann.
***1 Portion** · 2–3 Möhren · 2 Äpfel · 1 Zitrone · ca. 15 Triebspitzen der Brennnessel ca. 15 Triebspitzen des Knopfkrauts · einige Tropfen natives Oliven- oder Walnussöl*

Alle Zutaten bis auf das Öl in einem Entsafter zu Saft verarbeiten. Mit dem Öl abschmecken und möglichst frisch trinken.

Rezept-Tipps: Die zarten Triebe und jungen Blätter passen gut in Salate und Smoothies. Die mild aromatischen Blüten sind eine hübsche, essbare Dekoration. Die abgeschüttelten Samen der verblühten Pflanze im Winter auf der Fensterbank für Sprossen keimen lassen.

Wilde Malve

Malva sylvestris

Porträt

Die Malve ist eine altbekannte Heilpflanze, die in Mitteleuropa schon seit der Jungsteinzeit genutzt wird. Ihre wohltuenden Wirkungen bei Husten und Grippe schätzt man noch heute. Man kann sie in Teebeuteln abgepackt kaufen, häufig mit dem rot färbenden Hibiskus vermischt. Was viele nicht (mehr) wissen: Die jungen, im Frühling geernteten Malvenblätter ergeben – roh oder gekocht – ein zartes und mildes Wildgemüse! Auch Knospen, Blüten und Früchte sind essbar, nur bei den zähen Stängeln versagt selbst der Hochleistungsmixer. Große Käsepappel wird die Wilde Malve aus der Familie der Malvengewächse (*Malvaceae*) besonders im Allgäu genannt. Der Name bezieht sich auf die scheibenförmigen Früchte, die wie kleine Käselaibe aussehen. Sie spüren es, wenn Sie eine Malvenblüte oder ein -blatt zwischen den Fingern zerreiben: Die Pflanze enthält weiche Schleimstoffe. Diese schützen die Schleimhäute unseres Körpers und machen die Wilde Malve für uns sowohl kulinarisch als auch gesundheitlich wertvoll. Eine nahe Verwandte unserer Malven ist die **Okra** (*Abelmoschus esculentus*), eine weltweit beliebte Gemüsepflanze.

Wuchs und Aussehen Die Malve wächst ein- oder mehrjährig niederliegend bis aufrecht. Sie wird 30–130 cm hoch und besitzt eine tief reichende, spindelförmige Pfahlwurzel. Der Stängel ist rund bis kantig und dicht behaart. Die grasgrünen Blätter sind ebenfalls beidseitig behaart und stehen wechselständig am Stängel.
Sie sind lang gestielt, haben einen rundlichen bis herz- oder nierenförmigen Umriss und sind meist fünffach, teilweise auch drei- oder siebenfach gelappt. Der Blattrand

ist deutlich gezähnt. Die zwittrigen Blüten bestehen aus je fünf Blütenblättern und erscheinen in den Blattwinkeln der oberen Pflanzenhälfte. Die Blütenblätter sind rosarot, purpurfarben bis rotviolett gefärbt mit dunkleren Streifen, seltener weiß mit violetten Streifen. In der Mitte der Blüte befindet sich die ca. 12 mm lange Staubblattröhre. Der zwei- bis dreiblättrige Außenkelch wird von lanzettförmigen, schmalen Blättern gebildet; weiter nach innen folgen fünf Kelchblätter. Die runden, scheibenförmigen, etwa 1 cm großen Samenanlagen stehen in der Frucht dicht gedrängt aneinander (sog. Spaltfrüchte). Die braunen Samen sind rundlich bis nierenförmig.

Typisch: *Die Blüten der Wilden Malve sind rotviolett gefärbt (selten auch weiß) mit Nuancen von einem helleren Rosarot bis zu einem dunkleren Purpur. Das Rotviolett der Malvenblüten war namensgebend für den Farbton „mauve"! Zudem kann man an den Blüten deutlich dunkler gefärbte Streifen (Längsnerven) erkennen. Aus ihrer Mitte ragt eine auffällige, säulenförmige, längliche Röhre (Staubblattröhre).*

Vorkommen Die Wilde Malve liebt sonnige Standorte mit nährstoffreichen, besonders stickstoffreichen und kalkhaltigen Böden. Sie ist ein typisches Ackerbegleitkraut. Man findet sie auf biologisch bewirtschafteten Ackerflächen, an Wegrändern, Mauern oder auf Schuttplätzen, Baustellen und brachliegendem Land.

Charakteristische Inhaltsstoffe Malvenblüten sind eine altbewährte Schleimstoffdroge. Zwar enthalten auch die Blätter Schleimstoffe, ihre Konzentration ist jedoch in den Blüten am höchsten (bis zu 10 %). In den Blüten finden sich zudem viele ätherische Öle und Anthozyane – diese Pflanzenfarbstoffe sind antioxidativ wirksame Radikalfänger. In den Blättern stecken reichlich Eiweiß, Gerbstoffe, Flavonoide sowie Mineralstoffe und Spurenelemente, z. B. Eisen und Kalium.

Vorbeugen und heilen Bewährt sind die reizmildernden und „einhüllenden" Schleimstoffe der Malve bei trockenem Reizhusten und Bronchitis. Sie werden meist als Kaltansatz (siehe Rezept auf Seite 57) oder als Tee eingenommen, der auch bei Heuschnupfen zum Schutz von Nase und Augen helfen kann. Eine gereizte Schleimhaut im Magen-Darm-Trakt profitiert ebenso wie entzündete Schleimhäute im Mund- und Rachenraum von den schützenden Schleimstoffen der Malve. Auch bei einem Reizmagen, bei Sodbrennen, Heiserkeit und Halsschmerzen ist die Heilpflanze hilfreich. In der Volksmedizin werden Malvenblüten zur äußeren Anwendung bei entzündeter Haut, Ekzemen, Neurodermitis, Schuppenflechte, Hämorrhoiden sowie als abschwellendes Mittel bei Insektenstichen angewendet. Aufgrund ihrer sehr guten Verträglichkeit ist die Malve besonders für Kinder und alte Menschen geeignet.

Achtung: *Bei Schleimdrogen wie der Malve vermindert der durch sie aufgebaute Schutzfilm teilweise die Aufnahmefähigkeit anderer, gleichzeitig eingenommener Medikamente oder Nährstoffe. Deshalb sollten etwa zwei Stunden Pause zwischen dem Trinken des Kaltansatzes oder des Tees und der Einnahme von Medikamenten liegen. Zudem wird empfohlen, nach sieben Tagen Einnahmedauer jeweils eine Woche Pause einzulegen.*

Sammeltipps

Beim Sammeln der Malvenblätter betrachtet man diese von allen Seiten. Sie sind auch bei Insekten als Futter begehrt, was sie löchrig erscheinen lässt – dann können sie aber dennoch bedenkenlos verzehrt werden. Leider werden Malven aber öfter von einem Pilz befallen, dem sogenannten Malvenrost, der sich durch deutlich sichtbare, gelbbraune Flecken auf den Blättern zeigt. Diese sind dann nicht mehr zum Sammeln geeignet. Da die enthaltenen Schleimstoffe Feuchtigkeit binden, sollten die Pflanzenteile besonders gründlich getrocknet werden: ausreichend lange, bei sehr trockener Witterung, mit geringer Luftfeuchtigkeit und guter Belüftung. Auch im Dörrgerät lässt man die Blüten im Zweifelsfall lieber etwas länger liegen.

Anbau In der Sonne und im hellen Halbschatten fühlt sich die Malve auf durchlässigen, nährstoffreichen, aber torffreien Böden wohl, die gut gewässert werden sollten. Auf dem Balkon in mind. 40 cm hohe Kübel pflanzen. Aussaat: April und Mai, damit sie im Sommer ihr prachtvolle Farbwirkung entfalten kann.

Verwendete Pflanzenteile und Erntezeit

Blüten	Juni bis September
junge Blätter	April bis Juli
Fruchtstände	Juli bis September

Mögliche Verwechslungen Auch die Weg-Malve (*Malva neglecta*) kommt an den oben genannten Standorten (siehe „Vorkommen") recht häufig vor. Sie wächst dichter am Boden und ist insgesamt kleiner; ihre Blütenblätter sind hellrosa bis weiß. In vielen Gärten finden sich die ebenfalls verwandten Stockrosen (*Alcea rosea*) sowie der Echte Eibisch (*Althaea officinalis*). Alle drei sind essbar (Blüten und Blätter) und können ebenso als Schleimstoffdroge und Teezutat getrocknet werden.

Rezepte

Malven-Kaltansatz Ein Kaltansatz aus der Malve ist viel schonender als ein Tee und enthält die meisten Schleimstoffe. Dazu 1 TL getrockneter Blüten mit 250 ml reinem Wasser übergießen und mindestens drei, höchstens acht Stunden ziehen lassen, dabei gelegentlich umrühren. Dann abgießen und Schluck für Schluck mit kurzen Pausen trinken. Bei Entzündungen im Mund- und Rachenraum damit spülen und gurgeln, dann erst schlucken. Bei Magenschleimhautentzündung am besten eine halbe Stunde vor dem Essen einnehmen (siehe „Achtung" auf Seite 56).

Rezept-Tipps: Sowohl die noch nicht aufgeblühten Blütenknospen als auch die noch unreifen, grünen und zarten Früchte („Käsepappeln") schmecken, kurz in Öl gebraten und leicht gesalzen, wunderbar. Sie ergeben ein apartes Antipastigemüse oder eine wilde Zutat für sommerliche Gerichte (Abbildung Seite 58/59). Die Blüten sind eine schöne, nicht nur optisch aparte Ergänzung zu Salaten (Rezept auf Seite 69).

Malven-„Spinat" Die gewaschenen, trocken geschleuderten, entstielten und in Streifen geschnittenen jungen Malvenblätter ergeben einen „wilden Spinat" (Rezept siehe „Baumspinat-Gemüse" auf Seite 31.) Das Malvenblätter-Gemüse passt z. B. zu gegrilltem Schafskäse oder indisch gewürzt (z. B. mit Garam Masala) zu Reis.

Rezept-Tipp: Kinder essen den Malven-„Spinat" am liebsten fein püriert als Sauce oder Suppe. Die Schleimstoffe in den Blättern wirken dabei als eine Art Verdickungsmittel.

Crema verde di malva

***4 Portionen** · 200 g Malven-Spinat-Gemüse (siehe oben bzw. Seite 31)*
200 g grüne Oliven, entsteint · 50 g Mandeln oder Sonnenblumenkerne
4 EL Olivenöl · naturbelassenes Steinsalz · schwarzer Pfeffer, frisch gemahlen

Alle Zutaten in einem Hochleistungsmixer zu einer grünen Creme verarbeiten. Die Crema verda die malva ergibt einen würzigen Brotaufstrich und passt als Dip zu Antipasti, Wraps und zu Fingerfood wie Rohkoststicks.

Rezept-Tipps: Die rotvioletten Blüten der Wilden Malve können, ebenso wie die Blüten der Stockrosen, als Färbemittel für Likör, Sirup und Tee verwendet werden. Da sie schön färben und einen milden Eigengeschmack haben, eignen sie sich dafür perfekt und werden für Tees auch als sogenannte Schmuckdroge eingesetzt. Zum Kandieren kann man Malvenblätter ebenfalls gut verwenden.

Gegrillter Schafskäse mit gebratenen Nachtkerzen-Blütenknospen (Rezept Seite 64) und gebratenen grünen Malvenfrüchten (Rezept-Tipp Seite 57)

Nachtkerze

Oenothera biennis

Porträt

Diese prächtige Pflanze aus der Familie der Nachtkerzengewächse (Onagraceae) macht ihrem Namen alle Ehre: Erst in der Abenddämmerung entfaltet sie ihre leuchtend hellgelben, fast schon fluoreszierenden Blüten. Sie wird auch Abendblume oder Nachtstern genannt. Das Öffnen der Blüten dauert nur wenige Minuten und ist ein Schauspiel, das die Pflanze in Mitteleuropa einzigartig macht, und daher gerne in botanischen Gärten „vorgeführt" wird. Erst wenn die Blüten vollständig geöffnet sind, strömen sie einen intensiven, süßlichen Geruch aus, der Nachtfalter und am folgenden Tag Bienen, Hummeln und Tagfalter anlockt. Doch die Pracht der einzelnen Blüte ist schnell vergänglich, schon am Morgen beginnt sie zu welken. Am kerzenartigen Blütenstand der Pflanze gehen aber abends wieder die nächsten Lichter an, den ganzen Sommer über. Jeder Haupt- oder Seitentrieb bringt insgesamt bis zu 120 Blüten hervor – ein echter Dauerblüher also! Dazu produziert die vitale Pflanze bis zu 200 Samen pro Blüte, aus denen wertvolles Nachtkerzenöl gewonnen wird, eines der teuersten Samenöle der Welt. Aufgrund seiner vielfältigen wohltuenden und medizinischen Wirkungen wird das Öl in der Naturheilkunde und in der Kosmetik verarbeitet.

Das heute in Vergessenheit geratene Wildgemüse unserer Vorfahren wird im Volksmund auch Schinkenwurz genannt. Die fleischige, oft von rötlichen Marmorierungen durchzogene Pfahlwurzel erinnert geschmacklich entfernt an Schinken (mehr noch an Schwarzwurzeln) und sieht auch ein wenig danach aus. Johann Wolfgang von Goethe schätzte Gerichte mit der Rapontika, so ein weiterer Volksname. Seine Frau Christiane baute Nachtkerzen im Garten an.

Wuchs und Aussehen Die Nachtkerze ist eine zweijährige Pflanze mit einer kräftigen, fleischigen Pfahlwurzel. Im ersten Wuchsjahr bilden die gestielten Blätter eine flach auf dem Boden liegende Blattrosette. Hier sind die Blätter verkehrt-eiförmig, leicht behaart und hell- bis mittelgrün. Teilweise sind sie rötlich überlaufen; auch der Blattrand oder der Mittelnerv erscheinen mitunter rötlich. Erst im zweiten Wuchsjahr bildet sich ein aufrechter, meist 80–150 cm hoher, dicht bis spärlich behaarter Stängel, der ebenfalls oft rötlich überlaufen ist. Daran wachsen die länglich-lanzettlichen bis zugespitzten Blätter wechselständig und nur noch kurz gestielt. Im obersten Bereich werden die Blätter kleiner und sitzen ohne Stiel direkt am Stängel. Der Blattrand ist schwach gezähnt, manchmal auch ganzrandig, meist aber wellig geformt. Die leuchtend gelben Blüten mit ihren vier Blütenblättern stehen jeweils in der Achsel eines Tragblattes in einem aufrechten, traubigen Blütenstand. Die Kelchblätter sind zurückgeschlagen. Aus der Blüte entwickelt sich eine bis zu 4 cm lange, raue, schmale, zunächst grüne und später ockerfarbene Samenkapsel. Die Kapseln werden am lang gestreckten Blütenstand von unten nach oben reif. Darin stecken die vielen 1–2 mm kleinen, dunklen, kantigen Samen, die jeweils nur ein Tausendstel Gramm wiegen und mithilfe ihres Flügelsaums leicht vom Wind verbreitet werden.

Typisch: *Hat man das Aussehen der flach am Boden liegenden, jungen Blattrosette einmal verinnerlicht, erkennt man sie immer wieder. Oft befinden sich direkt daneben ausgewachsene Nachtkerzen, an denen man sich zusätzlich orientieren kann. Gewissheit bringen die auffällig leuchtenden, gelben Blüten der Nachtkerze und ihre kräftige, weiße Pfahlwurzel – die von roten bis rosafarbenen Abschnitten im oberen Wurzelbereich charakterisiert ist.*

Vorkommen Die Nachtkerze wächst gerne auf sonnigen, eher trockenen Standorten an Böschungen und Wegrändern, auf Bahndämmen und Schuttplätzen, in Steinbrüchen und Kiesgruben. Sie gedeiht auch auf harten Lehmböden und kann längere Trockenperioden gut aushalten.

Charakteristische Inhaltsstoffe In den Samen und damit im Nachtkerzenöl steckt ein sehr hoher Anteil an mehrfach ungesättigten Fettsäuren, 60–80 % Linolsäure und 8–14 % der seltenen Gamma-Linolensäure. Letztere ist eine Omega-6-Fettsäure; sie kann u.a. entzündliche Vorgänge im Körper günstig beeinflussen und den Körper bei der Neubildung und Reparatur von Gewebe und Schleimhäuten unterstützen. Die Blätter enthalten Flavonoide, Schleim- und Gerbstoffe, die Wurzeln Stärke, Eiweiß und Mineralstoffe.

Vorbeugen und heilen Die Nachtkerze wird innerlich und äußerlich bei Hauterkrankungen wie Neurodermitis, Ekzemen oder Schuppenflechte eingesetzt. Auch bei entzündeter, trockener, empfindlicher und alternder Haut ist sie hilfreich. Zudem ist sie Nervennahrung pur und damit ein hervorragendes Anti-Stress-Mittel. Nachtkerzenöl soll „überschießenden" Reaktionen des Immunsystems wie Allergien und Asthma entgegenwirken. Auch bei Bluthochdruck, erhöhtem Cholesterin, Arteriosklerose, Herz-Kreislauf- und rheumatischen Erkrankungen kann es helfen. Das Öl wird auch bei Hyperaktivität (ADHS) von Kindern und bei hormonell bedingten Beschwerden von Frauen eingesetzt. Mögliche Nebenwirkungen können bei Einnahme Übelkeit, Verdauungsstörung, Hautausschlag und Kopfschmerz sein.

Achtung: *Schwangere und Stillende dürfen Präparate für die innere Anwendung nur nach Rücksprache mit einem Arzt einnehmen, da die Nachtkerze sog. Phytohormone enthält.*

Sammeltipps

Die Wurzeln werden während des Winterhalbjahrs im bzw. nach dem ersten Wuchsjahr gesammelt. Die darin gespeicherte Energie wird im Laufe des zweiten Wuchsjahres zur Ausbildung von Blüten und Samen verwendet; daraufhin verholzt die Wurzel und ist nicht mehr schmackhaft. Einjährige Pflanzen mit zarten Wurzeln erkennt man an der flach am Boden wachsenden Blattrosette. Die Blätter werden im Frühling vor der Blüte gesammelt. Die Hauptsaison im zweiten Wuchsjahr beginnt mit der Ernte der Blüten ab dem Frühsommer und endet im Spätsommer/Herbst mit den Samen.

Anbau In der Sonne gedeiht die Nachtkerze auf mageren, auch sandigen und leicht kalkhaltigen Böden. Genügsam hält sie Trockenphasen gut aus, toleriert aber keine Staunässe (Fäulnisgefahr). Sie braucht ab dem zweiten Jahr Platz im Beet, da sich die prächtigen Blütentriebe auch buschig entwickeln können. Auf dem Balkon in mind. 60 cm hohe Kübel pflanzen, die unten 15 cm Kiesdrainage und ein Abflussloch haben. Aussaat: ab Mai.

Verwendete Pflanzenteile und Erntezeit

Wurzeln	1. Wuchsjahr: September bis März
Blätter	April bis Juni
Blüten und Blütenknospen	Juni bis September
Samen	August bis Oktober

Rezepte

Nachtkerzen-Wurzelgemüse in milder Currysauce

4 Portionen · 500 g Nachtkerzenwurzeln · 2–3 Schalotten · 1–2 Knoblauchzehen 3 EL natives Kokosöl · Salz · 3 TL mildes Currypulver · 100 ml Kokosmilch oder Sahne/Rahm · schwarzer Pfeffer, frisch gemahlenen

Die Nachtkerzenwurzeln gründlich mit einer Gemüsebürste waschen und mit einem Messer abschaben. Dann in Stifte oder Scheiben schneiden und gleich in etwas Essig- oder Zitronenwasser legen, damit sie nicht braun anlaufen. Schalotten und Knoblauch schälen, fein würfeln und in einer Pfanne mit dem erhitzten Kokosöl anschwitzen. Die Wurzeln dazugeben, mit Salz und Curry würzen und einige Minuten unter Rühren braten. Dann mit der Kokosmilch ablöschen und auf kleiner Flamme fünf bis zehn Minuten offen köcheln lassen, bis die Wurzeln zart, aber bissfest sind und die Sauce etwas eingekocht ist. Mit Salz und Pfeffer abschmecken. Das Wurzelgemüse passt gut zu Basmatireis oder Hirse und lässt sich hervorragend mit anderem Wurzelgemüse oder mit klein geschnittenem Kochschinken kombinieren.

Veganer Nachtkerzen-Salat

4 Portionen · 2 EL natives Olivenöl · 2 EL Zitronensaft · 200 g Nachtkerzen-Wurzeln 200 g geräucherter Tofu · 100 g Sonnenblumenkerne · ½ TL Steinsalz · 1 TL Senf 1 EL natives Olivenöl · 1 Knoblauchzehe · ½ TL Rohrohrzucker oder Birnendicksaft ½ TL Kurkumapulver · 100 ml reines Wasser · schwarzer Pfeffer, frisch gemahlen

Öl und Zitronensaft in einem tiefen Teller verrühren. Die Nachtkerzenwurzeln gründlich mit einer Gemüsebürste waschen und mit einem Messer abschaben. In Würfel, Stifte oder Scheiben schneiden und gleich mit der Öl-Zitronensaft-Mischung vermengen, damit sie nicht braun anlaufen. Ein bis zwei Stunden marinieren. Dann den Tofu in etwa gleich große Stücke schneiden wie die Wurzeln. Aus den restlichen Zutaten in einem kleinen Mixer eine cremige, vegane „Mayonnaise" herstellen. Diese mit den Nachtkerzenwurzeln und dem Tofu in einer Schüssel vermengen und den Salat leicht gekühlt servieren.

Rezept-Tipp: Nachtkerzenwurzeln lassen sich wie Schwarzwurzeln zubereiten. Sie schmecken roh und gekocht als klein geschnittene „Schinken"-Würfel in verschiedenen Gerichten.

Blütenknospen für Antipasti oder Gemüsebeilage Einzelne Blütenknospen der Nachtkerze oder ganze Triebspitzen mit Knospen waschen und trocken tupfen. Schalotten und Knoblauch schälen und klein würfeln. Etwas Olivenöl erhitzen, Schalotten und Knoblauch darin glasig anschwitzen. Dann die Blütenknospen dazugeben und ein bis zwei Minuten unter Wenden mitbraten. Dieses Gemüse ist eine schöne Ergänzung für jeden Antipasti-Teller, schmeckt aber auch als Gemüsebeilage und zu Gegrilltem.

Rezept-Tipp: Die leuchtend gelben Nachtkerzenblüten sind eine hübsche essbare Dekoration. Frisch aufgeblühte Blüten abends ab 19 Uhr sammeln und trocknen. Als schleimstoffhaltige Schmuckdroge bereichern sie selbst gemachte Haus- oder Kräutertees.

Nachtkerzensamen als Nahrungsergänzung Die wertvollen, mehrfach ungesättigten Fettsäuren in den Samen sind hitzeempfindlich, daher nicht mitkochen oder in Gebäck verarbeiten. In Rohkost-Qualität lassen sie sich jedoch sinnvoll nutzen: Dazu die Samen kurz vor dem Verzehr anquetschen oder leicht mörsern und über Salat oder Müsli streuen. Das Auspressen zur Ölgewinnung ist aufgrund der dazu nötigen Mengen und technischen Ausrüstung (gekühlte Ölpresse) im Haushalt nicht praktikabel.

Milchsauer eingemachte Nachtkerzenwurzel

4–6 Nachtkerzenwurzeln · 25 g Hirtentäschel-Würzsalz (Rezept Seite 39)/Liter reines Wasser · milchsäurehaltige „Impf-"Flüssigkeit (z. B. Starter-Molke, Brottrunk oder Sauerkrautsaft in Rohkostqualität)

Die Nachtkerzenwurzeln gründlich mit einer Gemüsebürste waschen und mit einem Messer abschaben. Je nach Wurzelform am Stück lassen oder in Scheiben oder längliche Stifte schneiden. Die sterilisierten Einmachgläser zu ¾ damit dicht an dicht befüllen. Das Würzsalz durch Rühren im Wasser auflösen und 1 EL Impfflüssigkeit je Glas dazugeben. Die Gläser damit auffüllen, bis die Wurzelteile davon bedeckt sind, und mit losem Deckel verschließen, damit die Gläser nicht platzen. Bei Zimmertemperatur z. B. in einer kleinen Wanne lagern, da mit dem Einsetzen der Gärung Flüssigkeit austreten kann. Sobald kleine Bläschen im Glas zu sehen sind, in den kühleren Keller umlagern und fest verschließen. Dort mindestens vier Wochen stehen lassen. Die Haltbarkeit beträgt ca. sechs Monate.

Rezept-Tipp: Wer kein Hirtentäschel-Gewürzsalz hat, nimmt einfach normales Vollsalz ohne Zusätze und gibt noch Senf- und Korianderkörner und – ganz nach Geschmack – feine Zwiebelscheiben oder ganze, geschälte Knoblauchzehen dazu.

Rainkohl

Lapsana communis

Porträt

Vermutlich ist der Rainkohl ein Urahne des heutigen Kopfsalats. Das lässt sich aber nicht mehr mit Sicherheit sagen, da der Kopfsalat seit Tausenden von Jahren durch Züchtung verändert wurde. Allerdings drängt sich die nahe Verwandtschaft auf, wenn man einen geschossenen, also blühenden Kopfsalat betrachtet: Der straff aufrechte Wuchs, die oberen Verzweigungen und die Blütenform sind dem Rainkohl oder der Gemeinen Milche, so sein anderer Name, doch sehr ähnlich. Mit einem Kohl hat der Rainkohl botanisch allerdings gar nichts zu tun – der Begriff „Kohl" wurde früher für viele Wildpflanzen verwendet, um sie als essbares Gemüse zu kennzeichnen. Entsprechend gehört der Rainkohl auch nicht wie Kohl zu den Kreuzblütlern, sondern zu den Korbblütlern (*Asteraceae*). Er besitzt auch die für diese Pflanzenfamilie typischen Bitteraromen, die geschmacklich an Chicorée erinnern, ebenfalls ein Korbblütler. Die jungen, leicht bitteren Blätter des Rainkohls sind von sehr zarter Konsistenz. Damit sind sie für Salate eine gute rohköstliche Zutat, was auch im österreichischen Namen Rainsalat zum Ausdruck kommt. Schon in der Steinzeit wurde die Pflanze als Nahrungs- und Heilpflanze geschätzt.

Wuchs und Aussehen Der meist ein-, selten zweijährige Rainkohl wächst streng aufrecht und wird je nach Standortbedingungen 30–100 cm hoch. Erst im oberen Drittel verzweigt sich die Pflanze und bildet lockere Rispen aus, an denen die kleinen Blüten stehen. Der spärlich behaarte und kantige Stängel enthält Milchsaft. Der Stängel kann auch rot überlaufen sein, allerdings eher bei älteren Exemplaren. Der Rainkohl weist verschiedenen Blattformen auf: Im unteren Bereich sind seine Blätter mehrteilig mit kleinen, paarigen Seitenlappen und einem deutlich größeren Endabschnitt. Darüber folgen einteilige, oval zugespitzte Blätter und ganz oben sitzen kleine, schmale, lanzettförmige Blättchen. Der Blattrand ist grob gezähnt, manchmal auch ganzrandig oder wellig. Die Blattunterseite ist leicht behaart. Die hellgelben Blütchen sitzen in kleinen, nur 1–2 cm großen Körbchen und sind in Rispen angeordnet. Jede Blüte weist 8–16 Zungenblüten auf. Bei Regen bleiben die Blütenköpfchen ungeöffnet. Die ca. 4 mm langen Früchte werden von den Hüllblättern umschlossen.

Typisch: *Zur Erntezeit der Blätter im Frühjahr können Sie den Rainkohl am besten an der Blattform erkennen: Im unteren Bereich der Pflanze sind die Blätter mehrteilig, sie bestehen jeweils aus kleinen, paarig angeordneten Blattlappen und einem deutlich größeren Endabschnitt. Und: Der Stängel enthält weißen Milchsaft.*

Vorkommen Der Rainkohl bevorzugt halbschattige Standorte, die ihm einen eher feuchten und nährstoffreichen Boden bieten, z. B. bei Hecken, an Waldrändern oder entlang von Waldwegen. Hier findet man Rainkohl oft in Massenbeständen. Auch in der Nähe menschlicher Siedlungen, in Dörfern, Städten und auf stickstoffreichem Brachland mit humosen Lehmböden ist er häufig anzutreffen.

Charakteristische Inhaltsstoffe Der Rainkohl besitzt Schleimstoffe, Bitterstoffe, Mineralstoffe und Spurenelemente. Die ebenfalls essbare Pfahlwurzel enthält, wie viele andere Korbblütler auch, Inulin.

Vorbeugen und heilen Seine Bitterstoffe regen Stoffwechsel und Verdauung an, im Besonderen wird die Aktivität von Leber, Galle und Bauchspeicheldrüse gefördert. In der Volksmedizin wendet man den Milchsaft bei Entzündungen und Wunden an, auch in Form eines Breis aus den frischen, zerquetschten Blättern und Stängeln. Seine englische Bezeichnung *nipplewort* verrät, dass er früher von stillenden Müttern bei entzündeten Brustwarzen angewendet wurde. Ein ähnlicher Hinweis steckt im französischen Namen *herbe-aux-mamelles,* dem „Kraut für Zitzen".
Der Flüssigextrakt aus der Pflanze soll helfen, den Blutzuckerspiegel zu senken.
Das Inulin der Wurzel wirkt prebiotisch, fördert also eine gesunde Darmflora.

Achtung: *Nicht bei Korbblütler-Allergie einnehmen.*

Sammeltipps

Geerntet werden die frühlingshaften Blätter der grundständigen Rosette sowie die jungen Triebspitzen – beide schmecken würzig und leicht bitter. Nach einem milden Winter können die Blätter schon ab März austreiben und gesammelt werden. In normalen Jahren beginnt die Saison im April. Dann erntet man auch die junge, noch nicht faserig-verholzte Wurzel. Die Blätter werden ebenfalls zum Sommer hin faserig und damit ungenießbar. Jetzt erscheinen die kleinen Knospen und Blüten, die nach dem Abzupfen am Stiel ein Tröpfchen Milchsaft absondern. Ihr Geschmack ist pur genossen sehr intensiv, aber als Salat- und Rohkostgewürz sind sie für meinen Geschmack hervorragend geeignet. Dazu eventuell die grünen Hüllblätter der Blüten entfernen – dann sind sie weniger bitter.

Anbau Für naturnah gestaltete Gärten und Parks im Halb- oder Vollschatten, gut für Blumenwiesen und Böschungen geeignet. Ein feuchter, humoser Boden bringt reichlich Blattertrag, auch in Kübeln und Töpfen. Aussaat: ab März.

Verwendete Pflanzenteile und Erntezeit

Wurzel	April bis Mai
Blätter	April bis Juni
Blüten	Juni bis August

Rezepte

Rainkohl-Pesto

4 Portionen · 50 g Triebspitzen und junge Blätter vom Rainkohl · 50 g Basilikum 100 ml natives Olivenöl · 100 g Sonnenblumen- oder Pinienkerne ½ TL naturbelassenes Steinsalz · 2–3 TL Birnendicksaft oder Honig · 1 Knoblauchzehe 1 EL Zitronensaft

Alle Zutaten in einem kleinen Mixer oder Blitzhacker zu einem Pesto verarbeiten. In saubere Schraubdeckelgläser abfüllen, glatt streichen und mit einer dünnen Schicht Olivenöl bedecken. Gekühlt ist das Pesto durchaus10–14 Tage haltbar.

Rezept-Tipp: Auch die junge, zarte Wurzel des Rainkohls ergibt, in ganz feine Scheibchen geschnitten, eine würzige und leicht bittere Abwechslung für Salate und Rohkost.

Pikantes Omelett mit Rainkohl

2 Portionen · 1 Handvoll junge Rainkohl-Blätter · 1 Handvoll Rainkohl-Blüten
2 Schalotten · 1 Knoblauchzehe · 1 Möhre · 2 EL natives Olivenöl · 4 Eier
1–2 EL Wasser oder Sahne/Rahm · Salz und schwarzer Pfeffer, frisch gemahlen

Die Rainkohlblätter verlesen, waschen und trocken schleudern. Die Blüten gut ausschütteln, verlesen und auf Insekten kontrollieren. Schalotten und Knoblauch schälen und fein würfeln. Die Möhre gründlich waschen, putzen und in sehr kleine Würfel schneiden. Olivenöl in einer Pfanne erhitzen. Schalotten, Knoblauch- und Möhrenwürfel unter gelegentlichem Rühren anbraten. Dann die Hitze reduzieren, Rainkohlblätter und -blüten dazugeben und etwa eine Minute mitbraten. Inzwischen die Eier in einer Schüssel aufschlagen und mit Wasser oder Sahne, Salz und Pfeffer verrühren, über das Gemüse geben und das Omelett abgedeckt bei kleiner Hitze stocken lassen.

Rezept-Tipp: Die Blätter des Rainkohls lassen sich auch gut in einem grünen Smoothie verarbeiten, der damit einen frischen bis scharf-würzigen Geschmack annimmt. Die enthaltenen Schleimstoffe verleihen dem Smoothie zudem eine angenehm cremige Konsistenz.

Blumiger Sommersalat Einen Kopf Bataviasalat putzen, waschen, mundgerecht zerteilen und trocken schleudern. Eine einfache Vinaigrette aus 2 EL Olivenöl, dem frisch gepressten Saft einer halben Zitrone, Salz und schwarzem Pfeffer anrühren und unter den Salat mischen. Eine kleine Handvoll Rainkohl- und Malvenblüten gründlich verlesen und über den Salat streuen (Abbildung Seite 70/71).
Oder den Salat mit einem asiatischen Miso-Ingwer-Dressing anmachen. Ein geschältes Stückchen Ingwer fein raspeln. Mit je 1 EL hellem Miso und Mirin sowie je 2 EL Limettensaft, Sojasauce und Sesamöl verrühren. Mit Gomasio (Sesamsalz) abschmecken.

Milchsauer eingemacher Rainkohl Blätter und Stiele kurz mit kochendem Wasser überbrühen, abtropfen lassen, schichtweise in ein Steingutgefäß mit Deckel legen und mit Salz bestreuen. Pro Kilogramm Rainkohl 20 g Steinsalz rechnen und die Schichten jeweils ca. 5 cm hoch machen. Das Gemüse dabei immer mit einem sauberen Holzstößel festpressen, bis sich Saft bildet, dann die nächste Schicht anlegen. Sobald der Topf voll und das Gemüse mit Flüssigkeit bedeckt ist, mit 1 EL Sauerkrautsaft in Rohkostqualität oder Brottrunk „impfen", mit einem Stein beschweren, den Deckel auflegen und die Wasserrinne mit Wasser füllen. Zunächst sechs bis acht Tage bei Zimmertemperatur, danach im Keller lagern. Vor dem Verzehr sechs Wochen ruhen lassen.

Blumiger Sommersalat mit Rainkohl und Wilder Malve, Seite 69

Gelber Steinklee

Melilotus officinalis

Porträt

Der Steinklee ist auch als Gold- oder Honigklee bekannt: Seine gelben Blütentrauben locken viele Bienen an. So ist auch sein wissenschaftlicher Name zu erklären: *Meli* wird mit „Honig" übersetzt und *lotus* mit „Klee". Der Steinklee stammt aus der Familie der Hülsenfrüchtler (Fabaceae), die Unterfamilie sind die Schmetterlingsblütler (Faboideae). Diese Zugehörigkeit lässt sich an der charakteristischen Form seiner „Schmetterlingsblüten" (siehe „Typisch" auf Seite 73) erkennen, weshalb der Steinklee früher auch Liebfrauenschühlein genannt wurde. Die Blüten duften angenehm nach Honig – beim Welken bzw. Trocknen der Steinkleeblüten und -blätter werden dagegen Aromen freigesetzt, die an Waldmeister und frisches Heu erinnern. Dieser Duft entsteht durch das enthaltene Kumarin, das medizinisch wertvolle Wirkungen besitzt, aber auch zur Folge hat, dass man die Pflanze nicht in größeren Mengen bzw. über einen längeren Zeitraum zu sich nehmen sollte.

Die frischen Blätter schmecken in purer, frischer Form etwas scharf und bitter, entwickeln jedoch durch Trocknen bzw. Anwelken einen würzig-aromatischen Geschmack. Vor allem in der Schweiz wird Käse damit aromatisiert – auch Brot, Limonade, Marmelade, Likör oder Bowle erhalten mit Steinklee den für ihn typischen Geschmack und die Farbe. In Duftkissen soll er beim Einschlafen helfen – und zugleich im Kleiderschrank die Motten vertreiben, worauf sein Volksname Mottenklee hinweist.

Wuchs und Aussehen Der Steinklee ist eine zwei- bis mehrjährige Pflanze mit einer Wuchshöhe von 30–100 cm. Die Pfahlwurzel ist dick, wurzelt tief und verzweigt sich seitlich in feinere Faserwurzeln. Der aufrechte und oft verzweigte Stängel ist innen hohl und außen kantig gerippt. Die Blätter stehen wechselständig am Stängel und weisen lange Stiele auf. Sie sind jeweils dreizählig gefingert, bestehen also aus jeweils drei Fiederblättchen, wie es typisch für Kleepflanzen ist. Die Form eines einzelnen Teilblättchens ist elliptisch, der Blattrand ist unregelmäßig gezähnt. In den Blattachseln stehen ungefiederte Nebenblättchen. Die 5–7 mm langen, gelben Schmetterlingsblüten stehen in einer lang gestielten, schmalen Traube aus 30–70 Einzelblüten. Die Früchte sind 3–5 mm lang, grünbraun gefärbt und weisen eine runzlige Oberfläche auf.

Typisch: *Wie Erbsen, Bohnen, Wicken oder der Besenginster besitzt der Steinklee die typischen Schmetterlingsblüten, die aus fünf Blütenblättern bestehen. Das obere Kron- bzw. Blütenblatt ist am größten und ragt deutlich hervor („Fahne"). Die beiden seitlichen Blütenblätter bilden die „Flügel". Sie umrahmen die beiden unteren Kronblätter, die miteinander zu einem ingesamt kleineren „Schiffchen" verwachsen sind.*

Vorkommen Steinklee kommt mit kargen, trockenen und sandigen, ja sogar steinigen Böden gut aus. Am liebsten mag er kalkhaltige Böden; wichtig ist in jedem Fall ein sonniger Standort. Hier übersteht die Pflanze auch lange Trockenperioden gut. Steinklee wächst an Böschungen, Weg- und Ackerrändern, am Rand von Feldhecken, an Bahndämmen, Baustellen oder auf Schuttplätzen.

Charakteristische Inhaltsstoffe Kumarin, Flavonoide, Gerb- und Schleimstoffe, organische Säuren, ätherische Öle und Harz.

Vorbeugen und heilen Naturmedizinisch wird der Wirkstoff Kumarin zur Blutverdünnung, zur Förderung der Durchblutung und bei Venenerkrankungen eingesetzt. Im Rahmen einer solchen Behandlung kann sowohl die innerliche als auch die äußerliche Anwendung empfohlen werden: bei chronisch venöser Insuffizienz wie Lymphstauungen, Krampfadern, Schmerzen und Schweregefühl in den Beinen sowie nächtlichen Wadenkrämpfen. Damit werden die Gefäßwände gestärkt und infolgedessen der venöse Rückfluss des Blutes zum Herzen gefördert. Ebenfalls schulmedizinisch anerkannt ist die unterstützende Wirkung bei Thrombose und Hämorrhoiden. Äußerlich als Tinktur, Salbe oder Öl aufgetragen, wird Steinklee auch bei Prellungen und Verstauchungen sowie bei Blutergüssen und Besenreisern angewendet.

***Achtung:** Zu viel Kumarin erzeugt Kopfschmerzen, daher sollte man Steinklee nur in Maßen genießen. Für Schwangere ist er nicht geeignet. Vorsicht auch bei der gleichzeitigen Einnahme von gerinnungshemmenden, also blutverdünnenden Medikamenten.*

Sammeltipps

Blüten, Blätter und junge Triebspitzen sind allesamt sehr zart und werden schnell welk. Um sie frisch zu verwenden, sollte man möglichst kurz nach dem Sammeln mit der Verarbeitung beginnen. Als Transportmittel an heißen Tagen haben sich kleine Körbe bewährt, die mit einem feuchten Küchenhandtuch ausgelegt sind. Dieses wird gleich nach dem Sammeln über dem Erntegut zusammengeschlagen. Die Einzelblüten öffnen

sich an den Blütenständen von innen nach außen: Achten Sie darauf, möglichst junge und vitale Blüten zu sammeln. Auch Bienen, Wildbienen und andere Insekten lieben den Steinklee als Nahrungsquelle – sammeln Sie nur die Menge, die Sie wirklich benötigen und nicht komplette Pflanzen oder gar einen ganzen Bestand.

Steinklee blüht im Hochsommer sehr lange. Es lohnt sich, diese dekorative und ökologisch wertvolle Pflanze im eigenen Garten anzusiedeln. Da er sich schnell, tiefgründig und stark verwurzelt, kann er zur (erstmaligen) Begrünung von Böschungen ausgesät werden. Auch für eine Gründüngung ist er gut geeignet.

Damit die Blätter ihr typisches Aroma entwickeln, müssen sie – ähnlich wie Waldmeister – ein bis zwei Tage anwelken, bevor sie für Gerichte oder Getränke verwendet werden. Sie können selbstverständlich auch frisch verzehrt werden.

Anbau An einem sonnigen Standort fühlt sich der Steinklee auf steinigen, mageren, auch lehmigen Böden, die kalkreich sind, wohl. Eher für den Garten geeignet, erträgt er auch einmal trockenere Perioden. Auf dem Balkon nur in sehr hohe Kübel (mind. 1 m) pflanzen. Aussaat oder Jungpflanzen aus Bio-Staudengärtnereien verwenden: April und Mai.

Verwendete Pflanzenteile und Erntezeit

Blüten	Juni bis September
Blätter und junge Triebspitzen	Mai bis August

Mögliche Verwechslungen Der Weiße Steinklee (*Melilotus albus*) sieht fast genauso aus wie der Gelbe Steinklee, aber seine Blüten sind weiß. Er ist ebenso ess- und verwertbar; sein Gehalt an Kumarin ist vergleichsweise geringer. Er wächst an denselben Standorten und ist dort mitunter sogar häufiger anzutreffen.

Rezepte

Steinklee-Brotaufstrich

***ca. 150 g** · 1 Handvoll Steinklee-Blütenstände und/oder -Blätter · ½ Apfel 100 g Sonnenblumenkerne · 1 EL Zitronensaft · 1 Stück unbehandelte Bio-Zitronenschale, ca. 1 cm breit (der Länge nach von einer gewaschenen Zitrone dünn abgeschält) 2 EL natives Olivenöl · ½ TL naturbelassenes Steinsalz · ½ TL schwarzer Pfeffer, frisch gemahlen · 2–3 EL Wasser*

Steinkleeblüten gut ausschütteln, verlesen und auf Insekten kontrollieren, Blätter waschen und trocken schleudern. Wer möchte, kann die Blätter auch anwelken lassen, damit sie noch mehr Aroma abgeben. Apfel waschen, vom Kerngehäuse befreien und putzen. Mit dem Steinklee und den übrigen Zutaten in einem kleinen Mixer oder Blitzhacker zu einem sämigen, streichfähigen Aufstrich verarbeiten. Dazu je nach Konsistenz noch etwas Wasser oder Sonnenblumenkerne untermengen.

Rezept-Tipp: Getrocknete und fein gemahlene Blätter und Blüten des Steinklees können Sie als aromatisches Gewürz für Süßspeisen, Fruchtaufstriche und Gebäck verwenden.

Steinklee-Sahne mit frischen Erdbeeren

4 Portionen · 2 EL Steinklee-Blüten · 200 ml Sahne/Rahm · 1 Pck Vanillezucker 500 g Erdbeeren · 1 TL Steinklee-Blüten (zum Garnieren; entweder in ein feuchtes Küchenhandtuch eingeschlagen kühl gestellt oder am nächsten Tag frisch gesammelt) 1 EL Zitronensaft · 2 EL Birnendicksaft

Die Steinkleeblüten mit der Sahne vermischen, abdecken und über Nacht ziehen lassen. Danach die Sahne durch ein Sieb abgießen, den Vanillezucker dazugeben und die Sahne steif schlagen. Die Erdbeeren waschen, von den Stielansätzen befreien, putzen und in Stücke schneiden. Mit Zitronen- und Birnendicksaft vermischen und ca. 15 Minuten marinieren. Dann auf Schälchen verteilen, die Steinklee-Sahne darübergeben und mit den frischen Steinkleeblüten garnieren.

Steinklee-Limonade

ca. 1 l

Für einen wässrigen Auszug 2 Handvoll frische Steinklee-Blüten und/oder -Blätter waschen, trocken schleudern und ein bis zwei Tage an einem luftigen Ort anwelken lassen. Alternativ 3–4 EL getrocknete Steinklee-Blüten und/oder -Blätter verwenden. Das Sammelgut in einem Topf oder einer Schüssel mit 1 l warmem, reinem Wasser übergießen. Abdecken und über Nacht ziehen lassen. Danach durch ein Sieb abgießen, mit ca. 2 EL Apfel- oder Birnendicksaft nach Belieben süßen und mit 1–2 EL Zitronen- oder Limettensaft abschmecken.

Steinkleeblüten-Tinktur

200 ml · ca. 100 g frische Steinklee-Blütenstände und junge Steinklee-Blätter
ca. 200 ml neutraler Schnaps, z. B. Korn, Wodka (40 Vol.-% Alkohol)

Steinklee-Blüten verlesen, die Blätter waschen, trocken schleudern und mit den Blüten in ein sauberes Schraubdeckelglas füllen. Mit dem Alkohol übergießen. Das Glas verschließen und an einem hellen, warmen Ort (z. B. auf der Fensterbank) zwei bis drei Wochen ziehen lassen. Dabei verfärbt sich die klare Flüssigkeit gelblich-bräunlich. Danach durch einen Kaffeefilter in dunkle Glasfläschchen abgießen und die Tinktur luftdicht und dunkel lagern (Haltbarkeit: mindestens ein Jahr). Zur Anwendung Unterschenkel und Füße damit einreiben. Anschließend die Haut mit einem Hautöl oder einer Feuchtigkeitslotion pflegen, da der Alkohol sie austrocknet. Alternativ die folgende Salbe anwenden:

Steinkleeblüten-Salbe

ca. 200 g · 100 ml Steinkleeblüten-Tinktur (s. o.) · 100 ml natives Olivenöl
20 g Bienenwachs-Perlen

Die Tinktur in ein hitzebeständiges Gefäß mit einer weiten Öffnung füllen. Olivenöl und Bienenwachs dazugeben. Das Gefäß über dem Wasserbad langsam erwärmen und dabei die Mischung ständig umrühren, bis sich das Bienenwachs vollständig aufgelöst hat. Die noch flüssige Salbe in saubere Gläschen oder Tiegel abfüllen, abkühlen lassen und verschließen. Mit Inhalt und Datum beschriften. Die Salbe ist ungeöffnet im Kühlschrank etwa sechs Monate haltbar.

Wegwarte

Cichorium intybus

Porträt

Die Pflanze, die mit ihren wundeschönen blauen Blüten „am Weg wartet", fällt dem Naturfreund sofort ins Auge. Sie entstammt der Familie der Korbblütler (Asteraceae) und wird seit Urzeiten als essbare Wildpflanze und Heilpflanze genutzt. Da die Wegwarte Sonne und Wärme liebt, kommt sie eher im südlichen Mitteleuropa als im Norden oder in den Hochlagen der Alpen vor. Sie besitzt zahlreiche alte Volksnamen, darunter Sonnenbraut oder Sonnenwirbel, Faule Gretel, Krebskraut, Echte Zichorie, Kaffeekraut oder Zigeunerblume. Ihre auffallend hübschen Blütenköpfe sind nur bei Sonnenschein und am Vormittag geöffnet, dann schließen sie sich wieder. Schon aus der Ferne sieht man sie himmelblau leuchten. Das gefällt wohl auch den Bienen gut; die Wegwarte ist eine ertragreiche Bienenweide. Blüten, Blätter und vor allem die Wurzel schmecken fein- bis herb-bitter. Die Wurzel erinnert an das Aroma alter Chicorée-Sorten; die uns heute bekannten Salate Chicorée, Radicchio und Zuckerhut sind Zuchtformen (Varietäten), die aus der wilden Wegwarte gezüchtet wurden! Die Wurzeln von *Cichorium intybus var. foliosum* werden im Herbst ausgegraben und in Sand gelagert, um dann später im Winter in einem mäßig warmen, aber dunklen Raum angetrieben zu werden (siehe Seite 84). Auf diese Weise wächst der weiße, gebleichte Chicorée-Salat heran, den wir aus dem Handel kennen. Treibt man die Wurzeln der wilden Wegwarte in einem warmen Keller an, kann man Mini-Chicorée von etwa 1,5 cm Durchmesser und einigen Zentimetern Länge ernten. Der Clou dabei ist, dass diese das echte, ursprüngliche Bitter-Aroma besitzen. Die reichlich enthaltenen Bitterstoffe sind überaus gesund (siehe „Vorbeugen und heilen" auf Seite 79). Der bekannte „Zichorienkaffee", auch „Muckefuck" genannt, wird ebenfalls aus den Wurzeln einer Wegwarten-Varietät gewonnen (*Cichorium intybus var. sativum*). Besonders im Norden Frankreichs ist Zichorien-Kaffee nach wie vor ein beliebtes, traditionelles Alltagsgetränk.

Wuchs und Aussehen Die Wegwarte ist eine mehrjährige, bis 150 cm hohe Staude. Der verdickte Wurzelstock zeichnet sich durch eine Pfahlwurzel aus und reicht sehr tief. Der Wuchs der Pflanze ist sparrig verzeigt, der Stängel ist hohl, kantig und leicht rau behaart. Die Blätter der bodennahen Rosette sind löwenzahnähnlich gesägt und unterseits rau behaart. Die Stängelblätter sind wesentlich kleiner, wechselständig angeordnet, länglich-lanzettlich, ungestielt und umfassen den Stängel. Die Blütenköpfe setzen sich aus 15–20 himmel- bis leuchtend blauen, selten auch weißen oder rosafarbenen, jeweils 5-zipfeligen Zungenblüten zusammen. Auch die Staubbeutel und Narben in der Blütenmitte sind blau. Die Blütenkörbe sitzen einzeln an der Spitze von Seitenästen und einzeln oder in kleinen Gruppen in den Achseln der Zweige und Blätter. Nach der Bestäubung bilden sich 2–3 mm lange, gerippte und leicht runzlige Nussfrüchte (Achänen).

***Typisch:** Die unteren Grundblätter der Wegwarte sehen ähnlich wie Löwenzahnblätter aus, sie laufen aber deutlich spitzer zu. Alle Pflanzenteile enthalten einen weißlichen Milchsaft.*

Vorkommen Die Wärme und Sonnenlicht liebende Pflanze wächst – wie ihr Name schon verrät – an sonnigen Feld-, Weg- und Straßenrändern, auf Schuttplätzen und Brachland sowie auf Äckern und trockenen Magerwiesen.

Charakteristische Inhaltsstoffe Die Wurzel der Wegwarte enthält reichlich Inulin und den Bitterstoff Intybin. In der ganzen Pflanze stecken wertvolle Mineralstoffe und Spurenelemente, Bitterstoffe, Aminosäuren, Cholin, Pentosane sowie die Vitamine B, C, P und K. Auch die blauen Blüten enthalten Bitterstoffe, ferner die antioxidativ wirksamen Anthozyane sowie Eisen. Der Milchsaft enthält Kautschuk.

Vorbeugen und heilen Traditionell werden Blüten, Blätter und die Wurzel der Wegwarte als kräftigende und anregende Mittel genutzt. Die Wurzel fördert den Appetit und die Verdauung. Sebastian Kneipp hob ihre stoffwechselregulierende Wirkung hervor. Sie hilft bei Verdauungsbeschwerden und stimuliert die Sekretion der Säfte in Magen, Leber, Galle und Bauchspeicheldrüse. Hierbei ergänzen sich die Wirkungen des prebiotischen Inulins und der Bitterstoffe, die den Fettstoffwechsel und die Entgiftung anregen. Außerdem soll sie die Milz und damit die Blutbildung unterstützen sowie bei Kopfschmerzen hilfreich sein. In der Volksheilkunde wird sie neben anderen Heilpflanzen auch zur Schwermetallausleitung eingesetzt. Ferner wird die inulinhaltige Wurzel als Nahrungsergänzung für Diabetiker empfohlen.

Achtung: *Nicht bei Korbblütler-Allergie einnehmen, bei Gallensteinen nur nach Rücksprache mit dem behandelnden Arzt.*

Sammeltipps

Im Mittelalter grub man die Wurzel mit einem Hirschgeweih aus, um sie dann für Heil- und magische Rituale zu verwenden. Wer also ein Geweih besitzt und dies ausprobieren will: nur zu! Allen anderen sei die Grabgabel für die Ernte der tief reichenden Wurzel empfohlen. Mit einem Spaten zerstört man die Wurzel leicht, z. B. wenn diese in einer zunächst nicht ersichtlichen Kurvenform gewachsen ist.

Anbau In der vollen Sonne gedeiht die Wegwarte mit üppigen Blüten auf nährstoffreichen, durchlässigen Böden, die sandig bis lehmig sein können. Um ideal zu wachsen, benötigt die Staude Platz und Feuchtigkeit, aber keine Staunässe. Auf dem Balkon wegen der Wurzel in 50–60 cm hohe Töpfe oder Kübel mit einer Kiesdrainage pflanzen. Aussaat: ab April.

Verwendete Pflanzenteile und Erntezeit

junge Blätter	April bis Juni
Blüten	Mitte Juni bis September
Wurzeln	September bis Februar

Mögliche Verwechslungen Die einjährige Kornblume (*Centaurea cyanus*) blüht ebenfalls im Hochsommer und leuchtet ähnlich himmelblau. Sie zeigt jedoch einen viel feingliedrigeren Wuchs. Ihre Blätter sind schmaler, länglicher und fühlen sich durch die starke Behaarung flaumig-filzig an. In der Mitte der Blüten befinden sich die sichtbar anders gefärbten Röhrenblüten; sie sind dunkelblau, weiß, rosa oder purpur. Auch die Kornblume gehört der Familie der Korbblütler an und ist essbar. Da ihre Blüten noch getrocknet blau leuchten, kommen sie als sog. Schmuckdroge in Teemischungen.

Rezepte

Wilde Wurzelpfanne

***6 Portionen** · 6 große Wurzeln vom Löwenzahn (zwischen November und Februar geerntet) · 6 Topinamburknollen · 6 Möhren · 4–6 Wurzeln von der Wegwarte (je nach Größe und Dicke) · 6 Kartoffeln · 2 Schalotten · 2 EL natives Olivenöl · 1 TL Rohrohrzucker · Rosmarin · Thymian · Oregano · naturbelassenes Steinsalz · schwarzer Pfeffer, frisch gemahlen · 100 ml Gemüsebrühe*

Löwenzahnwurzeln, Topinambur und Möhren gründlich mit einer Gemüsebürste waschen. Die Wegwarten-Wurzeln und die Kartoffeln schälen. Alle Gemüse putzen, die Kartoffeln klein würfeln, die anderen Gemüse in ähnlich dünne Scheiben oder Stücke scheiden. Schalotten schälen, klein würfeln und in einer Pfanne mit dem Olivenöl glasig anschwitzen. Alle Gemüse und den Zucker dazugeben, zwei bis drei Minuten anbraten und dabei unter Rühren karamellisieren lassen. Mit Rosmarin, Thymian, Oregano, Salz und Pfeffer würzen. Mit der Gemüsebrühe ablöschen und abgedeckt ca. zehn Minuten bissfest garen. Zuletzt nochmals abschmecken.

Zichorien-Kaffee („Muckefuck") Die frisch geernteten Wegwarten-Wurzeln unter fließendem Wasser mit einer Gemüsebürste gründlich waschen, trocken tupfen und in kleine, etwa kaffeebohnengroße Stücke schneiden. Diese in der Sonne oder auf der Heizung ein bis zwei Tage antrocknen lassen oder ein Dörrgerät dafür nutzen. Im Backofen bei 200 °C ca. 15 Minuten rösten, bis die Wurzelstücke dunkelbraun sind und aromatisch duften. Währenddessen die Backofentür leicht geöffnet lassen, indem man z. B. einen Holzkochlöffel dazwischenklemmt. Danach die Wurzelstücke abkühlen lassen und luftdicht, trocken und kühl lagern. Direkt vor Gebrauch in einer Kaffeemühle oder einem Blitzhacker mahlen. Pro Tasse 1–3 TL Zichorien-Kaffee mit kochend heißem, reinem Wasser übergießen und, wie beim Bohnenkaffee, entweder schwarz, mit Sahne oder mit Milch und Zucker genießen.

Rezept-Tipp: Die Wurzel der Wegwarte ist auch ein schmackhaftes Gemüse in Eintöpfen und Suppen. Damit sie die Gerichte nicht zu sehr mit ihrem Aroma dominiert, die gewaschenen, geschälten und klein geschnittenen Wurzeln vor dem Kochen etwa zwei Stunden in reines Wasser einlegen, um ihr so einen Teil der Bitterstoffe zu entziehen.

Detox-Teemischung für eine Entgiftungskur Für die Mischung verwendet man jeweils einen Teil getrocknete und klein geschnittene Wegwarte (Blätter und Wurzeln), Schafgarbe (Blätter), Löwenzahn (Blätter und Wurzeln), Wald-Engelwurz (Samen), Ackerschachtelhalm (Triebe mit Blättern – zur Sicherheit aus der Apotheke, da ungeübte Sammler die Pflanze leicht mit dem giftigen Sumpfschachtelhalm verwechseln können) und Brennnesseln (Triebe mit Blättern). Wer nicht alle diese Kräuter sammeln konnte, bekommt sie z. B. auch in der Apotheke. Die Pflanzenteile mit kochend heißem, reinem Wasser übergießen und abgedeckt zehn Minuten ziehen lassen. Möglichst ungesüßt in kleinen Schlucken trinken.

Empfehlenswert ist eine etwa zweiwöchige Kur im Frühling oder im Herbst, bei der täglich zwei bis drei Tassen der Teemischung getrunken werden. Zusätzlich wichtig: täglich mindestens 2 l reines Wasser trinken, auf tierische Produkte und Genussmittel (Alkohol, Kaffee etc.) verzichten, sanfte Bewegung an der frischen Luft und ausreichend Schlaf.

Rezept-Tipps: Die jungen, zarten Blätter schmecken im Frühling roh als Zutat in Salaten. Gedünstet passen sie als herzhafte Zutat in spinatähnliche Gerichten oder gebacken in Aufläufe und Quiches. Sie lassen sich dafür gut mit anderen Wildkräuter-Blättern von Brennnessel, Wiesenknöterich oder Giersch kombinieren.

142. Compositae. 23. Cichorieae.
4
2
1
A
3

Vorräte anlegen

Einige der hier vorgestellten essbaren Wildpflanzen haben zwar eine sehr lange Erntezeit, manche wie das Hirtentäschel stehen uns sogar fast das ganze Jahr über zur Verfügung. Aber wie man es auch dreht und wendet: Die kalte Jahreszeit stellt für den Sammler eine Zäsur dar. Wer auch bei gefrorenem Boden und geschlossener Schneedecke nicht auf wildes Gemüse verzichten möchte, kann vorsorgen und Vorräte an-legen. Ich stelle Ihnen daher im Folgenden die wichtigsten Methoden vor, mit denen Sie das Wildgemüse auf einfache Weise haltbar machen können:

Lagern

Die Wurzeln von Wegwarte und Nachtkerze können Sie auch einlagern. Wie bei Möhren, Sellerie und Roter Bete, die so einige Monate lang aufbewahrt werden können, gibt man die frisch ausgegrabenen Pflanzenteile in eine Kiste mit leicht feuchtem Quarzsand, der mit etwas torffreier Pflanzenerde oder Kokossubstrat vermischt wird. Dazu die Wurzeln im November mit einer Grabgabel ernten. Entfernen Sie Stängel und Laub gründlich, da sie zum Faulen neigen. Legen Sie die Wurzeln in die vorbereiteten Kisten, sodass sie ganz vom Substrat bedeckt sind. Gelagert wird an einem dunklen Ort – ein kühler Keller mit relativ hoher Luftfeuchtigkeit ist ideal. Um inten-siv aromatische Mini-Chicorées zu erhalten, schlagen Sie die Wegwarten-Wurzeln ab September in Kisten oder Eimern in leicht feuchter Erde ein und decken diese mit einer ca. 15 cm dicken Erdschicht ab. Dann die Wurzeln in einem dunklen Raum bei 10–20 °C antreiben lassen, dabei die Erde gelegentlich vorsichtig befeuchten (keine Staunässe!). Die sich innerhalb von drei bis vier Wochen bildenden, bleichen Sprosse können abgeschnitten und als Salat oder gedünstet als Gemüse genossen werden.

Da es in unseren Breiten kaum vorkommt, dass der Erdboden drei Monate lang durchgehend gefroren ist und es zudem im Frühjahr die größte Freude bereitet, frische Pflanzen zu sammeln, ist es ratsam, nicht zu viele Vorräte anzulegen.

Trocknen

Die schonendste und auch umweltfreundlichste Weise, Blattgemüse und Blüten haltbar zu machen, ist das Trocknen. Die getrockneten Pflanzenteile werden vor der Zubereitung einige Stunden oder besser über Nacht in etwas reinem Wasser eingeweicht und können danach wie frisches Kraut mitsamt Einweichwasser in der Küche verwendet werden.

Bei dieser Methode bleiben alle Nähr- und Vitalstoffe erhalten – sofern man beim Trocknen darauf achtet, dass die Temperatur 40 °C nicht übersteigt. Trocknen Sie zunächst die gesunden, gewaschenen Blätter und Blüten je nach Festigkeit in der Salatschleuder oder durch vorsichtiges Abtupfen mit einem Küchenhandtuch. Dann werden die Pflanzenteile nebeneinander auf einen luftdurchlässigen Rost in der Nähe eines Ofens gelegt. Es ist auch möglich, bei geringster Umlufthitze im Backofen zu trocknen. Falls keine Umluftfunktion zur Verfügung steht, einfach den Backofen auf niedrigste Temperatur stellen und einen Kochlöffel in die Klappe des Backofens ste--cken, damit die Feuchtigkeit entweichen kann. Profis benutzen einen Dörrapparat.
In jedem Fall ist darauf zu achten, dass der Trocknungsvorgang möglichst schnell vorangeht, nicht unterbrochen wird und die Temperatur die besagten 40 °C keinesfalls übersteigt. Vor allem in der Nähe eines Ofens kann dies leicht passieren, daher sollten Sie die Temperatur genau kontrollieren. Die Blätter werden so lange getrocknet, bis sie bei Berührung rascheln.

Direkt nach dem Trocknen wird die Ernte abgefüllt. Um Platz in den luftdichten Vorratsdosen oder Schraubgläsern zu sparen, können Sie die „Raschelblätter" vor dem Abfüllen leicht rebeln, also zwischen den Handflächen in kleinere Stückchen zerreiben. Die Behälter werden beschriftet und an einem dunklen, trockenen Ort gelagert.

Frosten

Zum Einfrieren säubern Sie zunächst das frische Blattgemüse und überbrühen es mit kochendem Wasser. Dann gut abtropfen lassen, klein schneiden, abkühlen lassen und portionsweise in beschriftete Gefrierbeutel abfüllen. Alternativ können Sie zur portionsweisen Entnahme auch frisch gehackte Blätter oder Blüten in Eiswürfelbehälter geben: Mit den Kräutern zur Hälfte füllen, den Rest mit reinem Wasser aufgießen. Auch beim Frosten gilt: Nicht zu viele Portionen einfrieren – ab März gibt es wieder frische Kost!

Einlegen

– in Öl

Das Einlegen in Öl eignet sich nicht unbedingt als Konservierung für größere Mengen an Wildgemüse, da gute Öle dafür zu teuer sind und die daraus zubereiteten Gerichte auch zu kalorienreich geraten würden. Vielmehr entstehen kleine und feine Delikatessen, wie zum Beispiel in Öl eingelegte Blütenknospen der Malve oder der Nachtkerze für Antipasti-Teller. In Öl eingelegt, kühl und dunkel aufbewahrt, sind Blüten und Kraut so bis zu einem Jahr haltbar. Auch die Blätter von aromatischen Pflanzen eignen sich zur Herstellung von Würzölen, die je nachdem noch mit Knoblauch oder Chilischote ergänzt werden können.

Voraussetzung dafür ist, dass die Gläser und Deckel vorher ausgekocht wurden und absolut sauber sind. Verschimmeltes Einmachgut muss weggeworfen werden.

– in Essig

Ähnlich verhält es sich mit dem Einlegen in Essig. Obwohl die Kosten für Essig geringer sind als für kalt gepresste Öle, stellen auch die in Essig eingelegten Lebensmittel eher eine geschmackliche Abwechslung als ein Grundnahrungsmittel dar. Auch das in Essig eingelegte Wildgemüse ist bis zu einem Jahr haltbar (Voraussetzungen: siehe oben).

– milchsauer

Das milchsaure Einlegen ist neben dem Trocknen die schonendste und ernährungsphysiologisch wertvollste Methode der Konservierung. Zudem wird, beispielsweise im Gegensatz zum Einfrieren, kaum Energie benötigt, was Kosten spart und die Umwelt schont. Blatt- und Wurzelgemüse werden von alters her milchsauer eingelegt. Den meisten von uns ist das heute nur noch vom Sauerkraut bekannt. Doch es bieten sich auch z. B. die vorne beschriebene Nachtkerzenwurzel (siehe Rezept Seite 64) oder Rainkohl (siehe Rezept Seite 69) dafür an.

Als notwendige Ausrüstung benötigen Sie einen Topf aus Steingut oder ein Holzfass und einen kühlen Keller, in dem das Gemüse während des Winters stehen kann. Seit einigen Jahren erfreut sich diese Methode einer immer größeren Beliebtheit, sie wird regelrecht wiederentdeckt. Basierend auf der aus Korea stammenden Kimchi-Methode lassen sich auch kleinere Mengen in Gläsern zubereiten, die man im Kühlschrank aufbewahren kann. Hier eröffnen sich neue Möglichkeiten!

Wie funktioniert diese Methode? Die überall in der Luft und auch auf den Blättern lebenden Milchsäurebakterien werden dazu benutzt, den im Gemüse enthaltenen Zucker durch einen kontrollierten Gärvorgang in Milchsäure umzuwandeln – das Gemüse wird so haltbar. Dabei werden die im Gemüse enthaltenen Nähr- und Vitalstoffe schonend aufgeschlossen und stehen uns beim Verzehr ohne Verluste zur Verfügung. Bei der Gärung entsteht zusätzliches Vitamin C und Vitamin B12. Das Gemüse wird zudem leichter verdaulich. Die Milchsäurebakterien schützen nützliche Darmbakterien und hemmen gleichzeitig Krankheitserreger im Darm. Regelmäßiger Genuss stärkt die Abwehrkräfte und soll eine natürliche Vorbeugung gegen Krebs sein. Die gesundheitlichen Vorteile beziehen sich besonders auf das ungekochte Lebensmittel.

Einkochen

Sämtliche Blatt- und Wurzelgemüse können theoretisch auch eingekocht werden. Diese Methode wird Sterilisieren genannt. Dabei setzt man nicht, wie beim milchsauren Einlegen, auf die kontrollierte Partnerschaft mit erwünschten Mikroorganismen, sondern darauf, diese während des (oft langen) Erhitzens unwirksam zu machen, um das Gemüse zu konservieren. Daher ist eingekochtes Gemüse ernährungsphysiologisch deutlich weniger wertvoll als getrocknetes oder milchsauer eingelegtes Gemüse.

Bäumler, S.: Heilpflanzenpraxis heute. Elsevier, München 2012.

Fleischhauer, S.: Enzyklopädie der essbaren Wildpflanzen. AT Verlag, Aarau und München 2003.

Bühring, U.: Praxis-Lehrbuch der modernen Pflanzenheilkunde: Grundlagen, Anwendung, Therapie. Haug Verlag, Stuttgart 2014.

Burggrabe, H./Strauß, M.: Trinkwasser und Säure-Basen-Balance. NaturaViva, Weil der Stadt 2008.

Franke, W.: Nutzpflanzenkunde. Nutzbare Gewächse der gemäßigten Breiten, Subtropen und Tropen. Thieme Verlag, Stuttgart 2007.

Franke, W.: Wildgemüse. AID, Bonn 1987.

Fuchs, C.: Räuchern mit heimischen Pflanzen. Kosmos Verlag, Stuttgart 2016.

Jäger, E. (Hrsg.): Rothmaler – Exkursionsflora von Deutschland, Gefäßpflanzen: Atlasband. Springer Spektrum, Heidelberg 2017.

Lüder, R.: Grundkurs Pflanzenbestimmung: Eine Praxisanleitung für Anfänger und Fortgeschrittene. Quelle & Meyer, Wiebelsheim 2017.

Machatschek, M.: Nahrhafte Landschaft 3: Von Baumwässern, Fetthennen, Schaum- und Springkräutern, Ohrenpilzen, süßen Eicheln, Kranawitt und anderen wiederentdeckten Nutz- und Heilpflanzen. Böhlau, Wien 2015.

Machatschek, M.: Speisekammer aus der Natur: Bevorratung und Haltbarmachung von Wildpflanzen. Böhlau, Wien 2015.

Parolly, G. (Hrsg.): Schmeil-Fitschen – Die Flora Deutschlands und angrenzender Länder: Ein Buch zum Bestimmen aller wildwachsenden und häufig kultivierten Gefäßpflanzen. Quelle & Meyer, Wiebelsheim 2016.

Schilcher, H.: Kleines Heilkräuter-Lexikon. Hädecke, Weil der Stadt 2008.

Storl, W.-D.: Heilkräuter und Zauberpflanzen zwischen Haustür und Gartentor. AT Verlag, Aarau und München 2005.

Strauß, M.: Artgerecht – 13 Thesen für die Zukunft des Homo Sapiens. Kosmos Verlag, Stuttgart 2018.

Strauß, M.: Die 12 besten Beeren aus Wildsammlung und aus dem Garten. Hädecke, Weil der Stadt 2021.

Strauß, M.: Die 12 wichtigsten, essbaren Wildpflanzen – bestimmen, sammeln und zubereiten. Hädecke, Weil der Stadt 2020.

Strauß, M.: Die Wald-Apotheke. Droemer Knaur, München 2017.

Strauß, M.: Die Wildpflanzen-Apotheke. Droemer Knaur, München 2020.

Strauß, M.: Immunbooster Natur – Mit Wildpflanzen das Immunsystem auf Vordermann bringen, Droemer Knaur, München 2021.

Strauß, M.: Köstliches aus Feuchtgebieten – bestimmen, sammeln und zubereiten. Hädecke, Weil der Stadt 2022.

Strauß, M.: Köstliches von Hecken und Sträuchern – bestimmen, sammeln und zubereiten. Hädecke, Weil der Stadt 2018.

Strauß, M.: Köstliches von Waldbäumen – bestimmen, sammeln und zubereiten. Hädecke, Weil der Stadt 2020.

Strauß, M.: Wilder Mix – Grüne Smoothies & Desserts mit Wildpflanzen. Hädecke, Weil der Stadt 2015.

Stumpf, U.: Heilpflanzen und ihre giftigen Doppelgänger: Heilpflanzen sammeln – aber richtig. Kosmos Verlag, Stuttgart 2014.